U0325461

航空管理与飞行员心理健康维护策略

宋　宴◎著

汕頭大學出版社

图书在版编目（CIP）数据

航空管理与飞行员心理健康维护策略 / 宋宴著．--
汕头：汕头大学出版社，2023.11
ISBN 978-7-5658-5182-7

Ⅰ．①航… Ⅱ．①宋… Ⅲ．①航空心理学 Ⅳ．
① V321.3

中国国家版本馆 CIP 数据核字（2023）第 240993 号

航空管理与飞行员心理健康维护策略
HANGKONG GUANLI YU FEIXINGYUAN XINLI JIANKANG WEIHU CELÜE

作　　者：宋　宴
责任编辑：黄洁玲
责任技编：黄东生
封面设计：道长矣
出版发行：汕头大学出版社
　　　　　广东省汕头市大学路 243 号汕头大学校园内　邮政编码：515063
电　　话：0754-82904613
印　　刷：廊坊市海涛印刷有限公司
开　　本：710mm×1000mm　1/16
印　　张：8.25
字　　数：135 千字
版　　次：2023 年 11 月第 1 版
印　　次：2024 年 1 月第 1 次印刷
定　　价：46.00 元
ISBN 978-7-5658-5182-7

前　言

"安全第一"是我国航空工作的指导方针。航空的安全受到全社会的关注，是航空工作的重中之重，是航空发展的生命线。航空的安全直接体现在飞行的安全上，而飞行员直接影响飞行的安全，因为飞行员作为航空的一线员工，是飞机的实际操纵者。相对封闭的高压环境会影响飞行员的心理健康，进而威胁飞行安全，给航空的安全稳定带来一定的隐患。所以为了航空的安全，可以通过提高安全管理，维护飞行员心理健康，从根源上减少飞行事故的发生。

本书以"航空管理与飞行员心理健康维护策略"为题，探讨相关内容。全书共分为六章，第一章是航空安全管理概况，包括航空的发展历程、航空的安全与灾害、航空安全管理的目标与影响因素；第二章是航空安全文化建设，包括航空安全观的意义与层次、航空安全意识与文化、航空安全文化的培育、航空安全文化运行模式；第三章是航空安全管理与体系研究，包括航空安全管理的职责，航空飞行安全风险控制，航空安全系统工程与安全控制，航空安全管理体系的原理、特征与构成；第四章是航空安全管理优化与监管体系建立，包括中国航空安全管理优化对策、航空安全管理体系的优化方案、航空公司安全管理体系优化案例、航空安全监管体系实施与建设；第五章是航空飞行员心理训练与素质管理，包括航空飞行员合格审定、航空飞行员心理选拔与训练策略、航空飞行员心理素质与飞行安全、航空飞行员心理素质管理策略；第六章是航空飞行员心理健康评价与优化，包括航空飞行员的心理过程与心理特性、航空飞行员心理健康的改善措施、航空飞行员职业倦怠的优化建议。

本书体系完整、视野开阔、层次清晰，借助通俗易懂的语言、系统明了的结构，介绍了航空安全文化、航空安全管理、飞行员心理健康。笔者在编写时注意了基本概念的准确性，严格按照国家标准对专业术语进行了规范和定义。

笔者在撰写本书的过程中，得到了许多专家、学者的帮助和指导，在此表示诚挚的谢意。由于笔者水平有限，加之时间仓促，书中所涉及的内容难免有疏漏，希望各位读者多提宝贵的意见，以便笔者进一步修改，使之更加完善。

目　录

第一章　航空安全管理概况

航空安全管理一直是航空行业发展的核心，积极加强航空安全管理，做好安全风险管理防范，提升对安全风险的预见性、管控性，可推动航空行业可持续发展。本章对航空的发展历程、航空的安全与灾害、航空安全管理的目标与影响因素进行论述。

第一节　航空的发展历程

随着中国科技的快速发展，航空的应用领域越来越宽广。下面以通用航空为例，解读航空的发展历程。

一、航空的开创期

1951年5月，我国首次使用C-46型飞机执行防治蚊蝇危害的飞行任务，拉开了我国通用航空事业发展的序幕。

1952年，中国民航组建了第一支通用航空队伍，这标志着我国通用航空的诞生，并在天津设立了基地。之后，又扩大为专业航空队、航测飞行大队，到20世纪80年代初，通用航空队伍日益壮大，初具规模。

随着通用航空作用的日益凸显，通用航空的服务范围不断扩大，在社会建设中发挥了巨大的作用，特别是1952—1965年，中国通用航空迎来了第一个黄金时期，在航空摄影、航空探矿、播种造林、航空遥感、农林化飞行、航空护林等方面进行了大胆的技术革新和飞行实践，创造了许多通用航空历史第一的纪录。此外，通用航空在应对国家重大自然灾害的抢险救灾方面也发挥了重要作用。

二、航空的恢复期

在恢复期，通用航空虽然补充了各类通用航空技术人员，更新了部分飞机和专用设备，但仍需要加强业务建设、改善经营管理和提高队伍素质。1978年12月，通用航空在正确方针的指导下，出现了新的转机，通用航空得到了全面恢复。

我国先后引进了以涡轮喷气发动机为动力，马力大、载重量大、油耗低的新型飞机和直升机，目的是降低飞行员的劳动强度，扩大应用范围，保证复杂地区的通用航空作业和物质供给。服务对象遍及农业、林业、牧业、渔业、测绘、水利、电力、地矿、冶金、核工业、煤炭、石油、铁路、交通、邮电、城建、环保、气象、文教、体育、卫生和科研等几十个行业和部门。1979年开始，民航局又先后购置了双水獭、空中国王B200、贝尔-212、拉玛、海豚等新型飞机和直升机，加上国产的运-12飞机和直-9直升机，基本满足了高、中、低空和复杂地区航空摄影、航空遥感和航空探矿的需要。

三、航空的续发期

从20世纪80年代开始，中国的航空运输业进入持续快速发展的时期，到1991年，航空运输总周转量已达32亿吨公里，为1978年的10.7倍，平均每年递增20%。改革开放带动了航空运输的迅猛发展，民航局直属航空公司购置了大量运输机，通用航空为航空运输培养、储备和输送了大批航空地勤专业骨干和管理人才。

1996年1月，相关部门下发文件，从提高对通用航空的重视程度、加强通用航空行业管理机构设置、设立通用航空基金、改善通用航空保障条件等方面提出了明确的指导思想和具体措施，强调应保持和发展通用航空骨干队伍，保证完成国家指令性抢险救灾和重大通航任务。该决定有效地扭转了自20世纪90年代初以来通用航空运营持续萎缩和下滑的局面，为进入21世纪通用航空的发展奠定了基础。

2010年至今，随着国家低空空域管理体制改革的稳步推进和通用航空被确定为国家战略性新兴产业，通用航空进入了新的历史发展时期。2016年5月，通用航空的发展有了战略性部署，相关文件成为指导通用航空发展的纲领性文件。

从2016年以来，国家先后确定了41项通用航空示范工程和26个通用航空产业综合示范区。民航局成立了通用航空工作领导小组，以供给侧结构性改革为主线，以重构和完善通用航空法律法规体系为重点，以"让通用航空器飞起来，让通用航空飞行爱好者热起来"为发展目标，深化"放管服"改革，确立了"放管结合、以放为主、分类管理"的指导思想，多措并举，协同共治，为通用航空发展营造了宽松、有利的政策环境。2020年，全国共有220家通航企业获得了通用航空发展专项资金补贴，极大地推动了通用航空的发展。

2021年，国家加大在通用航空器制造、通用机场建设、通用航空运营、无人机产业发展、低空空域管理改革、通用航空飞行服务保障等方面的工作力度，促进通用航空的高质量发展。

近年来，中国通用航空产业在各类政策的指导下，发展条件日益成熟。通用航空被列入国家战略性新兴产业，承载着调整经济结构、转变经济发展方式、改善民生和升级消费的历史使命，迎来了难得的历史机遇。预计到2030年，全国通用机场将达到2058个，每个通用机场配置10架通用航空器，每架通用航空器配置1.4名飞行员。根据通用航空制造业规模的80%测算，到2030年，中国通用航空市场规模总和将达到1.4万亿元，2020—2030年中国通用航空市场规模增量达到1.2万亿，市场规模年复合增长率约为21%。

第二节 航空的安全与灾害

一、航空的特点与安全指标

（一）航空的特点

以通用航空为例，通用航空是我国民用航空的重要组成部分。通用航空的独特性如下。

1.机型复杂

通用航空作业类型多样，所以不同用途的机型数量也多，一般都是小型的飞机或者活动翼的飞机。

2.运行环境

通用航空作业的飞行高度大多在3600米以下，属于低空或者超低空飞行。低空飞行的环境更复杂，受天气和地形制约大，出现低空风切变和高山撞击的可能性也更大，而且通用航空作业的飞机以目视飞行为主，这更增加了飞行的难度。

通用航空飞行的特点包括飞行的点多、线长、面广、流动性大、时间不确定且高度分散，作业区域多在野外或偏远地区。在通用航空飞行作业中，作业现场千变万化，航路结构的难易程度、作业现场的净空条件及通用航空飞行作业的复杂程度等，都会直接影响飞行安全。

3.维修保障

飞行安全是通用航空运营的根本，而维修保障是飞行安全的基石。通用航空作业类型多样、作业地点分散，这些特性都对通用航空公司的机务保障和维修能力提出了更高的要求。

4.安全管理

通用航空无论是安全管理的政策环境、安全监管手段，还是安全管理专业人员的水平，都随着政策性文件不断发展。

5.放管结合

近年来，我国通用航空逐渐受到重视，且正处在高速发展的阶段。通用航空的放管结合，实行"以放为主，先放后管"的战略。"放"就是尽可能地放开通用航空市场，激发社会资本的活力，采取降低准入门槛、简化审批程序、放开低空区域、升级配套设施等激励手段促进通用航空的发展。"管"就是发布一系列安全管理政策、完善安全监控手段管控通用航空，尽可能地降低通用航空在运行过程中的安全风险，提高通用航空的安全水平；针对通用航空的不同运行类型、不同机场等级，制定分类安检制度与程序；简化审批流程，提高运行效率；简化通用航空从任务申请至获准运行的报批程序；对通用航空器降低设施设备配备要求，对从事工业、农业、林业等非载客的作业飞行适当降低运行标准；取消国内通用航空公司赴境外执行通用航空任务的审批；简化通用航空飞行计划审批程序；对执行应急救援、抢险救灾、医疗救护与反恐处突等紧急、特殊通用航空任务的飞行计划实施随报随批政策；简化外籍飞行员、机务人员资质认定等程序；扩大适航委任范围，分类下放审批职能。

（二）航空安全的指标

航空安全主要包括飞行安全、航空地面安全和空防安全：飞行安全是在航空器运行期间不发生由飞行或其他原因造成的人员伤亡、航空器损坏等事故；航空地面安全是围绕航空器运行而在停机坪和飞行区范围内开展生产活动的安全；空防安全是防止发生影响航空器正常运行和直接危及飞行安全的非法干扰活动，以及防止地面武器误射等。

衡量航空安全的指标如下：

1.事故

事故是偶然发生的，对身体或物品造成损害的事件。事故是在任何人登上航空器准备飞行直至所有这类人员离开航空器为止的时间内，所发生的与该航空器操作使用有关的事件，这类事件包括：①有人因在航空器内，或因与航空器的任何部分，包括已脱离航空器的部分直接接触，或因直接暴露于喷气流而受到致命伤或重伤；②航空器受到损坏或结构破坏，对结构强度、性能或飞行特性有不利影响；③航空器失踪或处于不能安全接近的地方。

2.空难

此处的空难是指航空器在飞行中发生故障、遭遇自然灾害或其他意外事故所造成的灾难。

3.事故征候

我国规定事故征候不是事故，而是与航空器的操作有关，会影响或可能影响操作安全的事件。

4.其他不安全事件

其他不安全事件是指在航空器运行过程中发生航空器损坏、设施设备损坏、人员受伤或者其他影响飞行安全的情况，但其程度未构成飞行事故征候或航空地面事故的事件。

二、航空灾害的特点与成因机理

（一）航空灾害的特点

1.生成的突发性

航空灾害往往是当事人无法预见的突发性灾害。其突发性和无可逃避性对人们的心理造成巨大的影响。由于航空灾害的发生是众多诱发因素交互作用的结果，某些诱发因素本身就包含随机性和突发性，这必然使得航空灾害的发生具有偶然性、突发性、不确定性及随机性。

2.成因的综合性

航空事故是由许多因素引发的，其中人为失误是最主要的因素，包括操纵者对环境变化及飞机故障的不良应对等。航空灾害的发生，通常是在航空运输过程中外部环境的突变、人为失误与飞机失控等因素相互作用的结果，其成因具有综合性。

3.后果的双重性

航空灾害的后果：一是灾害本身对人和社会造成的破坏；二是灾害发生后的

社会心理影响。航空灾害的双重性表现在：灾害范围比较小，造成的社会影响却很大。

4.一定的可防性

航空灾害的发生存在微观上的可避免性与宏观上的不可避免性。从微观上分析，随机事件有随机的规律，灾害的发生是事出有因的，那么预先控制成因，就能预防灾害发生的结果。通过检测、识别、诊断和预防，及时纠正人为失误和机械故障，则可以防范灾害。但从宏观上分析，系统处在不断演变、发展、完善的过程中，灾害又是不能绝对避免的。因此，航空灾害在一定程度上可以预防，至少能使灾害的发生及损失降到现有技术和管理水平所能控制的最低限度。

（二）航空灾害的成因机理

1.成因分析

在人、机、环境三大要素中，人是主导因素，是系统的核心。而在飞行中，机组又是整个飞行系统安全运行的主要保障。人驾驶飞机在特定的环境中飞行，人、机、环境三大要素间的信息传递、处理、控制与反馈，构成了相互关联、制约、协同与互补的复杂系统。在实现安全运行的最佳组合中，要始终考虑人的因素，机组自然成了人–机–环境系统的中心。

飞行活动是在人、机、环境三大要素共同作用下进行的，在飞行过程中，这三大要素互相关联、互相制约、互相促进，形成一个复杂的系统。因此，应从系统的总体高度，研究人、机、环境三大要素的相互关系和整体变化规律，从而更好地预防航空灾害的发生。

（1）双因素致灾成因的分析

①人–人系统。人–人系统主要指相关人员与机组及机组成员间发生的直接和间接关系。机组从运营政策、管理（秩序、条例、手册、规定等）及机场获取相关资料，飞行前由签派、情报、气象部门同时提供通信、导航及监视，与机组构成直接的人–人系统。人–人关系失调，如机组成员配合不当、机组与其他部门产生误解或冲突，是导致航空灾害的直接诱因。

②人–机系统。人–机系统是设计、制造、试航、管理、机组、维修等相关人员与飞机之间的相互作用。设计、制造、试航人员为使用着想，设计出安全、高效的人–机系统；管理、机组、维修人员保障飞行条件，使人的能力与飞机的性能完全匹配，是飞行安全的基本保障。随着高科技的飞速发展，先进的飞行控

制系统、自动驾驶系统对人-机系统提出了新的挑战。但先进的飞行控制系统、自动驾驶系统毕竟是机器，不可能对每一种环境变化都应付自如，有时反而加大了事故发生的可能性。因此，高科技的发展对人-机系统提出了新的要求，应从各个角度进一步协调人-机关系，使人-机系统处于最佳状态。

③人-环境系统。人-环境系统中除设计、试航、机务和空管等需要掌握飞机的使用环境外，还指机组与飞行环境间的相互作用，包括座舱、航路、空域、机场等人造环境与自然环境。人造环境必须有助于机组效能的发挥，自然环境只能探测、回避与应急处理。

④机-环境系统。机-环境系统主要指飞机设计的机型、材料与环境的适应性，偏重技术方面；此外，航空运输导致的环境污染也是一种灾害。在飞机的设计、制造过程中，应充分考虑环境的因素，使飞机性能与环境安全相适应，这是保障飞行安全的基本条件。

（2）人-机-环境系统致灾成因的综合分析

人-机-环境系统的运行是设计、使用、管理等相关人员与飞机环境相互作用的过程。在飞行时，各要素相互影响，如果三个要素都处于良好的状态，则飞机安全飞行。若有一个要素出现危害因素，通过其他两个要素的作用可能会转危为安，也可能出现连锁反应，构成事故链，最终导致事故的发生。

根据人-机-环境工程学的观点，人是系统的主体。从人-人、人-机、人-环境各个子系统中，也可看出人在系统中的重要位置。因为飞机也是人的意识的产物，它的安全性能是人可以控制的。许多事故都是由与人有关的因素和不利条件相结合才导致事故的。人们已经从传统的寻找事故单个原因、个体原因和简单归咎于机组原因，转到了人-机-环境系统相关人员对飞行安全的影响，应用系统安全思想，从人的因素寻找预防事故的重要手段。由于机组是避免事故发生的最后一道关卡，因此抓住以机组为中心的安全系统，以此为切入点，是整个系统优化的关键。

机组在飞行时始终处于人-机-环境系统的运行中，人-机-环境系统的失调、天气恶劣、机械故障、燃油耗尽等各种因素的相互作用，必然使机组行为受到影响，而人-机-环境系统的失调是导致机组行为失误的主要因素。大量的事故及事故征候都是在飞行员长时间持续飞行，并必须处理大量信息的情况下发生的。飞行员在理解并回忆大量不同飞行规则及操作程序时，头脑容易产生混乱，从而导致决策失误或决策延误；机械故障分散飞行员的注意力，也足以导致决策失误；紧急状态或熟悉的环境会使飞行员的注意力过度集中在某一点，而导致整个判断失误。

现代飞机采用的新技术带来了新的人机失调矛盾，突出表现在与飞机电传操纵系统和自动飞行系统有关的严重飞行事故上。自动飞行系统的应用，瓜分了飞行员对飞机的绝对控制权，在减轻他们劳动强度的同时也导致其驾驶技能与安全警惕性的下降，一旦环境发生突变则难以应对，容易决策失误进而导致飞行事故。飞行员已从飞机的直接操纵者转变为通过自动飞行系统监控飞机的管理者，若不能适应角色的转变，一旦环境发生突变，就难以招架。

（3）人–机–环境系统的整体功能

人–机–环境系统中的每一个相关人员都是有意义的开放系统，加上人–人、人–机、人–环境系统的相互作用，使得整个系统更加巨大和复杂。人–机–环境系统的整体功能也并不是各子系统的简单相加，只有各子系统间相互配合、协调一致，才能使人–机–环境系统的整体功能处于最佳状态。

为了充分发挥人–机–环境系统的整体功能，必须通过管理有效地组合与协调人、机和环境三者之间的关系。人–机–环境系统的各子系统的安全运行都与人有关。因此，加强各系统中人的管理，是使人–机–环境系统处于最佳运行状态的重要保证。

①人与设备的管理。在飞机的设计、制造阶段，应该建立健全各项管理规章制度。飞机的零件、部件，设备的精密度、准确性，直接关系到飞机的正常运行。

②人与环境的管理。环境可分为可控环境与不可控环境。人应充分发挥主观能动性，加强对可控环境的管理，如机场设施管理、空中交通管理及航道布局，创造一切有利条件来保证飞行的安全。此外，对于不可控环境，如天气、意外情况等，应提高驾驶员随机应变的能力，尽量将不利因素转化为有利因素，减少事故的发生。

③人与质量的管理。飞机飞行环境质量和飞机制造质量的好坏在很大程度上取决于人，因此应广泛开展全面质量管理活动，严把质量关。

④人与安全的管理。在人–机–环境系统中，应形成一种安全文化。每个系统都应有它的安全组织、安全法制、安全技术、安全教育及安全资金，始终把安

全放在第一位。

2.机理分析

（1）航空事故发生机理分析。航空事故发生机理是从实践中抽象概括出来的，是对事故诱因一般规律的阐述。它指导分析事故发生的原因，预防事故发生，并能完善技术和管理，加强事故或灾害的预警预控。

（2）航空灾害发生机理分析。基于航空安全生产系统，将与航空灾害有关的因素划分为四类：人、机器、环境与管理。人指的是飞行机组、机务人员、空管人员和管理人员等。机器包括飞机及相关设备。环境包括飞行的各种软环境、硬环境和自然环境。管理是作用于人–机–环境系统的要素，管理的效果通过人–机–环境系统及时或延时地表现出来。及时指公司管理的作用与管理的实施同步；延期指管理的作用效果是在管理实施一段时间后才表现出来的。因此，管理是另一个层次的问题，是与人–机–环境系统并立的一个重要因素。

第三节 航空安全管理的目标与影响因素

一、航空安全管理的目标

安全就是不产生伤害，不导致风险，不造成损失。安全是系统的一种"无危险的状态"。安全的基本目标就是阻止或消除风险变成危险的可能性。安全管理作为管理科学的一个重要分支，就是利用管理科学中的组织、决策、计划、控制及创新等达到安全的目的。

航空安全管理是以预警管理理论为指导，在行业管理层面综合运用复杂系统理论、安全学、灾害学等领域的最新成果，对航空安全影响因素和航空灾害的可控制诱因进行监测、识别、诊断及预先控制的一种管理制度和手段，旨在防止、矫正航空事故和事件诱因的萌生与发展，预防和减少航空灾害造成的有形或无形危害，保证航空运营处于有序的安全状态。

航空安全管理的目标是解决航空行为人的内在局限性或失误的可能性；航空环境和飞机故障异常变化的成因、过程，以及它们与人为失误之间的联系；飞机在不同因素和条件下发生事故和灾害的概率；航空安全管理在什么条件下可能出现管理失误；如何识别和诊断航空事故征候或灾害征兆，以及如何预测、控制其发展趋势；如何运用有效的预控方法等问题。

　　航空安全管理只有在航空法规、航空管理、航空技术、航空教育等方面进行全方位的综合防治和预控，才能收到良好的效果。建立航空安全预警管理系统，就是要在航空公司、机场与空中管制机构中，建构一种能对同性质航空事故具有免疫功能，并对各种航空灾害现象具有预防和矫正功能的"自组织"机制。

二、航空安全管理影响因素

（一）内部影响因素

1.安全文化

安全文化主要包括物质、制度、行为、精神四个方面，具体体现如下。

（1）物质方面。物质的滞后直接影响安全管理效果，增加风险发生的概率。

（2）制度方面。每个机场都需要建立各种制度，目的是保证工作的正常开展。这种制度应该包括安全检查、设备设施维护管理、安全培训、安全管理体系评价等，通过制度指导行动。

（3）行为方面。在整个机场，无论是乘务人员、地勤人员还是乘客，行为都要符合相关要求，这样才能形成安全管理的良好局面，从而产生积极影响，这也可以被视作"环境效应"。

（4）精神方面。精神方面是指全体人员在安全管理方面的精神、信仰、原则等，用思想指导行动，增强安全管理水平。

安全文化组成内容较多，具体构成因素也相对较多，这些因素对于安全管理均会产生影响，只是影响程度各有不同。

2.安全法制

安全法制主要是指航空安全管理方面法律法规的建设，这些法律法规可以起到约束的作用。法治化建设是我国建设和谐社会的前提和保障，能够为安全管理工作提供法律依据，做到有法可依、有法必依。

3.安全责任

安全责任的确定可以为安全事故发生后的处理提供追责依据，且责任确定之后有助于提高相关工作人员的安全管理积极性。在通常情况下，在安全管理方面，都会进行责任人的明确划分，分为第一责任人、第二责任人、直接责任人、间接责任人等，每个责任人在安全管理工作中的责任和工作各有不同，但目的都是保证安全管理目标的实现。

4.安全技术

安全技术主要是指在生产过程中，为了防止各种伤害、火灾、爆炸等事件的发生，且为员工提供安全、良好的劳动条件所采取的各种技术措施。对于航空安全管理而言，主要是防止一些火灾、爆炸、特殊天气对飞行的影响，飞行器故障，导航系统发生问题等方面的技术。安全技术的种类各有不同，可以使用一些现代化的设备提高安全技术的智能化、信息化水平，比如在机场候机厅设置的视频监控系统，也是安全技术中的一种。

5.安全投入

安全投入方面主要包括人力、物力及财力的投入，每个航空公司都会在有关方面进行投入预算和规划，保证后期航空安全管理的顺利开展。在整个航空安全管理开展的过程中，人力投入是主要影响因素，人力投入的质量和数量等都会严重影响航空安全管理效果。这主要是因为人是具体工作的落实者，人的行为、态度、意识和责任感等会对事故发生的概率、事故发生后的处理产生影响，还会通过自身影响他人在航空安全管理中的态度和意识。

（二）外部影响因素

1.自然环境的影响

自然环境主要是指飞机在起飞、航行和降落等过程中遇到的恶劣天气和自然灾害，如地震、强对流天气、台风、大雾天气等，都会影响导航系统和其他设备、设施的正常工作，从而产生安全隐患和事故。

2.社会环境的影响

社会环境主要是指一个国家或者地区的居民受教育程度、风俗习惯、审美观点、价值观点等，不同时期、不同地区的社会环境各有不同。从社会环境的角度分析其对航空安全管理的影响，如果某一个区域或者一个国家的民众在安全方面的意识较强、文化素质较高，便能够很好地配合航空安全管理工作，有效传达安全管理理念，减少与航空服务人员的矛盾，增加谅解和支持，进而降低安全事故发生的概率。相反，则会增加航空安全管理难度。

3.经济环境的影响

经济环境对航空安全管理的影响主要体现在航空效益方面。如果一个国家或者地区经济发展迅速，民众生活水平较高，能够承受航空出行的成本，那么会在一定程度上增加航空公司的收益，使航空公司能够具有较强的经济实力投入航空安全管理，为航空安全管理提供财力和物力，这样就会从整体上提高航空安全管理水平。

4.技术环境的影响

科技是经济发展的原动力，航空安全管理方面的技术研究和创新会增强航空公司应对安全事故的能力，还会在一定程度上提高航空安全管理水平。在社会大背景下，科技创新氛围的形成，可以推动航空公司在航空安全管理方面的科研投入，增加投入热情，有助于提升航空安全管理水平。

第二章　航空安全文化建设

航空安全文化对保障航空安全，提升航空公司核心竞争力都具有很重要的意义。本章对航空安全观的意义与层次、航空安全意识与文化、航空安全文化的培育、航空安全文化运行模式进行论述。

第一节　航空安全观的意义与层次

一、航空安全观的意义

航空安全观是指人们在航空生产实践中对航空安全所形成的总的看法和根本观点。

（一）航空安全观是对航空安全现实的反映

航空安全观源于航空安全现实，是一种社会意识形态。航空安全观是在主体思维的基础上形成的较为系统的看法和观点，与航空安全现实相一致。航空安全观正确与否的检验标准，就是要看它是否能够对解决航空安全问题起到有效的指导作用。

（二）航空安全观是特定的航空主体对航空安全现实的能动反映

航空安全观作为航空安全现实的反映，是人们积极活动的动态反映。航空安全观是对航空安全问题的思考和总结，它建立在航空安全现实的基础上。随着航空实践活动的不断展开和深入，在形成一定的航空安全观之后，往往又随着航空安全问题的变化和航空主体认识能力的提高而不断更新。

（三）航空安全观是有关航空安全问题的根本看法和观点

航空安全观是站在航空安全的角度，从宏观上对航空安全问题进行系统、整体的思考所得出的观点。它从根本上影响着人们的感知、判断、评价，以及采取的应对措施等。

二、航空安全观的层次

航空安全观作为有关航空安全问题总的看法和根本观点，所要研究的内容涉及许多方面且形成一个相互关联的理论系统。有关航空安全客观现实的认识，是形成航空安全观的认知前提和基础。

（一）对航空安全问题的一般性认知

一般性认知是一切航空安全观的前提和基础，它包括对航空安全的历史和发展、航空安全的地位和作用、航空安全的规律和本质。

（二）对航空安全现状的描述

对航空安全现状的描述可从航空安全环境和航空安全系统两个方面进行。航空安全环境是指各种影响航空安全的客观因素；航空安全系统是指运行机制、组织机构和具体规章等。

（三）对航空安全现状的评价

目前，对航空安全现状的评价包括：航空安全与预期的差距大小；当前航空安全系统效能及其对客观条件的适应性；航空安全运行需要面临的关键问题；等等。这些评价都是对航空安全现状进行客观描述的基础，也是进一步思考和行动的出发点。

（四）对关键性航空安全问题的确认

航空安全问题的一个重要特征是它的复杂性。由于航空安全问题涉及面极广，具有高度的不确定性和迫切性。可以说，对关键性航空安全问题的不同认识是造成航空安全观不同的主要原因之一，同时对关键性航空安全问题的确认也影响了航空安全观的其他内容。

（五）对航空安全目标的界定

航空安全观不只是对航空安全现状的反映和评价，还是一个更为实际的部分。在分析客观环境、现实条件和期望的基础上，明确航空安全的目标，即航空安全观的远景，提出航空安全应该是什么样的设想，可以说是航空安全观的重要基础，这是航空安全观在现实中的必然延伸。

（六）对航空安全战略及其实现途径的考虑

从宏观上来讲，正确策略的引导是实现航空安全目标的必然手段。就实施过程而言，航空安全需要强有力的渠道支持。从微观角度考虑，航空安全必须有实践手段的保障。航空安全策略、方法和手段都直接影响航空安全目标的具体实现效果，也是衡量航空安全保障能力是否强大的重要指标。

第二节　航空安全意识与文化

一、航空安全意识

意识是人类在社会实践中不断发展起来的，是认识、情感和意志统一的心理活动，以思维和语言为核心。航空安全意识是指航空从业者和乘客在航空实践中，为使与其相关的人、物、环境免受伤害而产生的情感、意志和认知的心理过程的总和。

（一）航空安全意识的特征

1.传递性

航空公司管理者与员工之间、机组人员与乘客之间都存在着积极的影响。因此，建立优良航空安全氛围是提高航空安全意识水平的重要措施。

2.制约性

航空安全意识必须在一定的前提条件下才能产生，并且对于同一客观过程，不同的人会做出不同的反应，即不同的人产生的航空安全意识也不尽相同。同时，由于每个人接触的环境不同，会导致其形成不同的航空安全意识。

3.能动性

航空安全意识在人的航空实践活动过程中起到的能动作用主要表现在两个方面：①航空主体能同时从感性和理性思维反映航空安全客观现象，抽象出航空安全实践活动的本质和内在联系，从而形成有关航空安全的理论系统；②航空主体能够运用航空安全的本质和规律，控制自身行为以克服在航空安全实践活动中遇到的困难，为航空安全服务。

4.波动性

单个航空公司很少在短时间内连续发生航空安全事故或事故征候，原因包括：①事故的偶然性；②前次事故的危害起到了警示的作用。但时间会淡化航空安全意识。所以，不断强调和提高航空安全意识应该是一项重要工作。

5.可塑性

个体的航空安全意识是后天培养的。后天的环境影响及安全教育宣传工作能够逐步提升人的航空安全意识水平。人们可以通过不断的学习和实践，提高自身的航空安全意识水平，从而实现航空安全的目标。

（二）航空安全意识的结构

航空安全认知、航空安全情感、航空安全意志三者构成了航空安全意识。

1.航空安全认知

航空安全认知是指人们对航空安全的客观表现、发生规律、预防措施和保障方式的认知。

2.航空安全情感

航空安全情感是指人们对航空安全的心理体验与内心情绪。

3.航空安全意志

航空安全意志是指为保障航空安全而努力控制自身行为以克服困难的心理过程。自觉性、果断性、坚韧性和自制性是航空安全意志的突出特点。

在航空安全意识的层次结构中，对于这三者而言彼此的关系是紧密联系且互相作用的，要想从根本上提高航空安全意识和保障能力，只有对三者的关系有清楚的认识，才能将三者的作用发挥至最佳。

二、航空安全文化

健康的安全文化应该是以人为本的，它的宗旨在于保护人的身心健康，从而实现人的安全。积极、健康的安全文化能给生产带来效益，保障员工的生命、健康不受损害。安全文化是个体与群体的安全价值观念、态度、感知、能力、行为准则、组织安全管理的综合体现。

航空安全文化是安全文化的一个分支，它不仅是航空安全行为规范和思维方式的标准，更是包括决策层、管理层及个体在内的全体航空人员的安全价值观和安全行为准则的总和。从结构上来剖析，航空安全文化可以从表层和里层两个方面来分别研究。

（一）航空安全文化的表层

航空安全文化的表层是由各种意义明确、内容具体的行为规范和标准构成的，包含立约类内容和非立约类内容。

1.立约类内容

法律、法规、条例、规范、标准（包括航空安全职业道德标准）、安全行为准则等用一定的形式明确规定下来的内容称为立约类内容。

立约类内容对人从事安全生产活动过程的影响表现在：①落实组织责任。法人代表、主管领导、各职能部门及其负责人、班组（机组、车间等）机构及负责人等作为责任主体，对安全责任的落实有着不可推卸的责任和义务。②正确认识和理解国家法律法规。③组织建设自身安全制度及标准体系。它包括各岗位及工程的安全制度及规范、安全检查、检验制度、安全教育及培训和宣传制度、事故及不安全事件调查与处理制度等，这些制度和标准对于正确引导并规范从业人员的安全行为起着十分重要的作用。

2.非立约类内容

非立约类内容没有具体形式，但却以约定俗成的形式被从业人员在心理上普遍认可并接受。

（二）航空安全文化的里层

航空安全文化的里层是对航空安全文化更深层次的解释，它分析的侧重点是从业人员对安全问题的思维方式和思维逻辑。航空安全文化的里层是对表层的进一步解释，是表层内容经过从业者的自我理解及渗透形成的意识标准，如安全价值观、安全伦理道德、信念、态度等。

航空安全文化的表层和里层两个方面相辅相成、互相支撑、互相影响。表层是表现形式，里层是内在意识，表层是里层在各个层次上的具体表达。

第三节 航空安全文化的培育

一、树立正确的航空安全观，提高航空安全水平

正确的航空安全观必然带来航空安全的正面效果，由此可见，树立正确的航空安全观是十分重要的。树立正确的航空安全观的相关策略包括：①强化航空安全意识，从航空从业者和乘客两个方面双管齐下，提高对航空安全知识的认识和理解；②积淀航空安全文化，为航空企业文化乃至中华民族传统文化增添新的元

素；③养成航空安全道德，提升航空从业者和乘客的思想道德水平，形成一定的航空安全道德氛围；④完善航空安全培育体系，加强公共安全基础教育，提升航空安全专业教育。

二、针对受众群体，强化航空安全意识

航空安全意识是在后天的实践经验及培训教育中积累获得的。因此，通过采取合适的措施或者手段，航空安全意识是可以得到强化的。航空安全意识也有可能在特定的环境或情形下被弱化甚至丧失。用于强化航空安全意识的手段是多种多样的，根据受众群体及具体情况的不同可以采用不同的手段。

（一）树立航空从业者的航空安全意识

1.理性灌输

理性灌输是航空从业者进行安全生产的基本功课。理性灌输的特点具有系统性、全面性。对航空从业者进行有指向性的安全、科技和文化方面的宣传教育，可以使其一方面掌握从事安全生产必备的理论及专业知识；另一方面能让他们对安全法规、安全政策、安全规章及安全方针等的认识得到不断的巩固和加深。

航空从业者树立起牢固的安全观念，其安全素质自然会得到提高，进而使得安全行为实现向"自觉遵守"的转变，进一步升华成为"主动接受、自我监督"。航空安全意识根植于航空从业者内心的标志就是实现从"要我安全"到"我要安全"的质的飞跃。

2.典型引路

重点宣传那些在安全生产活动中表现突出、事迹先进的从业者，通过提倡这些榜样事迹，以及人物的带头和指引作用，号召其他从业者向其学习。同时，对于安全生产中的安全事故及反面教材，亦要做到警钟长鸣、痛定思痛，在事故中吸取教训、总结经验，加强安全意识，开展良好的安全活动是提高从业者安全意识的有效手段，安全活动从内容上来说包括"回顾总结"和"主动预防"两个方面。

3.制度约束

规章制度是指各类法律法规、规章制度、行业标准等法定的、具有强制性的行为准则。我国的多数法律法规及规章制度都是基于历史经验，以预防事故、保证航空安全为目的制定的，在这些法律法规的强制约束下，航空从业者能够更加快速、高效、明确地养成良好的安全行为习惯，时刻牢记安全生产的红线，明确

安全生产主体责任，进而将安全习惯变为自身的安全意识。

4.个别疏导

个别疏导目的是针对一些航空安全意识相对薄弱或者对安全的理解不甚清晰，甚至存在偏差的个别从业人员，或者针对部分重点岗位人员进行针对性教育。通过思想交流、技术沟通、作风培养等形式，或进一步加强重点岗位工作人员的安全意识，或解决航空安全意识薄弱人员思想上的问题，引导其走出误区。个别疏导强调的是讲重点、抓关键。

5.趣味吸引

趣味吸引是通过开展一系列形式多样、内容丰富并极具趣味性、吸引性的活动对航空从业者进行安全教育。它的突出特点是润物无声、寓教于乐，使航空从业人员印象深刻。

（二）树立乘客角度的航空安全意识

树立乘客角度的航空安全意识，可以有效减少诸如旅客关于餐食缩水、空乘人员呼叫不至等投诉，并进一步让旅客摆正其与空乘人员、航空公司其他工作人员、航空公司的关系。社会媒体和航空公司应加大文明乘机知识的宣传力度，通过媒体和旅游宣传等渠道宣传乘客出行的安全信息，航空公司和机场应该在机上和机场配备简易的航空法规宣传资料。借助各平台为公众做好航空安全教育工作。

有关政府部门、航空机场、航空公司应发展学校教育项目，如组织学生参观设施、设备和作业流程，科普航空安全科学知识，增加游客文明出行指导。扩大宣传航空法律法规，使每位乘客都知道不文明行为与非法干扰之间的界限在哪里。社会媒体和相关部门共同行动，惩治不文明行为，共同加强对不文明行为的约束。

三、针对受众群体，养成航空安全道德

（一）养成航空从业者的航空安全道德

建立一整套完善的培训体系。培训可以不断强化从业者的思想道德建设，在客观上创造一个健康、正能量的学习氛围。加大对工作人员的安全培训力度，从而确保其安全稳定的生产，提高工作人员自身的安全文化能力，增强工作人员的安全文化素养，从而形成"实事求是、安全第一"的工作作风。

针对航空工作的性质，从制度上要建立一个相对合情合理的条款，使得航空从业者在繁忙的工作之余有机会加强业务学习。

从"心"入手，倾听员工的心声、尊重他们的意志，激发员工的积极性和创造力，从员工的思想入手，针对员工不同时期的不同需求，尽量解决好员工的福利、社保、医疗等问题，为他们排忧解难，营造宽松的环境，为保障飞行安全创造良好的工作氛围。

（二）养成乘客角度的航空安全道德

想要从根本上降低乘客带来的安全风险，就要对乘客进行潜移默化的影响。航空公司和机场使用航班机舱和终端屏幕、电视、广告牌等宣传载体循环播送的"文明行为"公益广告、航空安全须知、出境旅游文明"十大提醒"宣传。增加旺季的播出频率，引导乘客遵章守纪，自觉摒弃不文明的行为。每个机场都要在公共服务的重要位置上树立文明习惯提示标识。

四、积淀航空安全文化，稳定企业内外环境

航空安全文化因其源于历史积淀，具有很强的传承性，而企业文化是后工业时代的一种管理文化，是极具边缘性质的文化，各种文化在其间相互交融，并都以企业文化的形式表现出来，航空安全文化自然也渗透其中。因而，航空安全文化和企业文化在管理实践中，是彼此相辅相成的。

航空安全文化是航空公司和航空从业者的安全需求与企业文化共同交叉形成的结果，这个共同交叉就是"企业生存发展的基础"。航空安全文化建设是企业文化建设的基础保证，直接关系到企业的内外部稳定，无论是生产类企业还是服务类企业的企业文化建设都离不开安全文化的强力支撑；企业文化建设是航空安全文化建设的方向，安全文化理念是围绕企业文化的核心价值观。

1.以人为本的思路

以人为本是航空安全文化最主要的特点。它不仅关系到千千万万名旅客，也关系着广大航空从业者。只有通过开展广泛且深入的宣传动员，使安全文化建设的重要性和迫切性被每一名航空从业者所熟知并接受，使航空从业者深刻理解航空安全文化建设关系着万千生命及自身安全，才能使其将航空安全文化建设视为自身的使命，发挥主人翁的精神，激发其积极性、主动性和自觉性，进而将航空安全文化建设转化成有意识的自觉行动。

2.养成学习习惯

只有通过学习，外在的文件和要求才能升华为内心熟知的规范和标准。学习航空安全文化理论知识，用理论来指导实践；学习相关规范性文件，明确行动纲领和任务要求，力求落实到位、严格执行。

3.提升制度体系

规章制度是航空安全文化得以建设和践行的基本保障。明确航空安全文化相关手册在体系中的重要地位；在运行手册中，关于安全的相关内容也应由具体章节予以描述，方能将安全文化与运行工作结合起来，作为一个整体构成安全生产的制度体系；另外，航空安全文化建设应有独立于其他制度的专项制度，以实现对航空安全文化建设进行评估考核、创新变革等功能。

4.理论向实践转化

经过宣传、推广、建制的措施之后，航空安全文化建设的积极性、理论及制度需要在航空从业者的行动中贯彻落实。实践是安全文化建设的重中之重。将航空从业者建设安全文化的主人翁精神和积极性转化为具体实践中的积极行动，将其内在的高素质转化为高质量、高水平的安全行为，将规章制度转化为规范的安全行为，从而引领安全文化建设由理论转变为实际行动，把美丽蓝图转化为客观现实。

五、完善航空安全教育体系，实现公共安全教育

（一）融入社会公德教育

1.建立航空思想道德教育体系，需要政府部门的重视及努力

公共安全教育在一般精神和基本原则上与社会公德教育有着高度的一致性，这是公共安全的特性使然。因此，只有遵循社会公德教育的基本原则，体现社会公德的一般精神，才能从根本上实现公共安全教育。

公共安全教育是从道德教育的角度来看的，真正的公共安全教育不只关心自己的安全，同样也关心他人的安全状况，是从公共利益的角度出发而进行的教育活动。政府部门要致力于提倡公共精神，从而让人们从公共利益的角度思考公共问题，并落实在日常生活的行为中。

2.公共安全教育的基本原则

（1）公益原则。作为公共安全教育基本原则，公益是指公共利益，公共利

益提倡的是对所有人都有利，倾向于追求大多数人的最大利益。

（2）公平原则。公平原则不仅要求相同的人在公共生活中能得到相同的待遇，同时又要求不同的人在公共生活中受到不同的对待，如优待弱者原则及先来后到原则。

（3）不伤害原则。当个人的行为将对他人乃至社会整体的利益产生损害或威胁时，个人的行为应当受到限制或制约。对于那些影响公共安全，甚至违反法律法规的行为，每个公民都有义务进行干预，及时制止这些危害公共安全的行为。

（二）加强专业教育

1.加强航空安全教育宣传力度

乘客作为服务对象，是航空安全生产活动的直接参与者，因此是重要的航空安全教育的对象。然而我国现阶段，多数乘客并未意识到自身的行为对于保障航空安全的重要意义。因此，全面推广航空安全教育刻不容缓。在进行航空安全教育时，首先应选择更容易接纳新生事物的年轻人作为重点宣传对象，提高宣传效率，同时应采取多样化的宣传方式和宣传内容。

2.设立专门的航空安全宣传渠道

设立专门的航空安全宣传渠道不仅能够实现开展安全教育活动的目的，同时由此衍生的周边产品还可以丰富机场的经营内容，在增加机场收入的同时将航空安全教育深入人心。从航空公司的角度出发，既实现了推广航空安全教育的目的，又树立了正面、健康的企业形象。同时还可以利用社会参访、社会调研等社会实践活动推广航空安全知识。

3.改善科学服务流程

航空公司应该在安全方面对自己进行重新定位，真正负起安全的责任，鼓励乘客积极学习航空安全知识，对于各种不安全行为，应明确地对乘客进行必要的警告。在对乘客进行直接的安全教育、安全示范时，对不认真学习的乘客进行有效的提醒，提高乘客对航空安全教育的注意力。通过建立基于全民参与的航空安全教育，唤起民众对航空安全重要性的认识，推动社会各方面对航空安全的理解和支持。

4.以科教创新为总支撑，提升整体安全保障能力新形势要求

创新安全管理方式，科学挖潜资源，提升安全整体保障能力。科学把握运行

标准，创新流量管理模式，在推行跨区总量管理、严控运行总量的过程中确保安全，加大协同力度，通过改变运行方式来提高空域利用率，提高航班正常性。

统筹科研资源，增加科技投入，推进成果转化；有效整合系统内部资源，实现运行数据、流量管理、航行情报、航空气象、运行协同、现场管理等综合信息的高效集成，通过数据分析和信息共享，对内为空管系统安全生产、协同运行提供决策依据和技术支撑；对外为航空公司、机场提供更加高效智能的空管服务和信息技术支持，满足航空发展需求。

第四节　航空安全文化运行模式

航空安全文化作为组织及个体的态度、情感、价值观及行为方式的混合体，是职业文化、组织文化和民族文化相互作用的产物。任何一个组织的文化总有特殊性，受民族、区域、组织性质、发展规划、传统文化和社会文化等多方面的影响。因此，建立适合中国航空运输业特点的安全文化模式将对促进航空安全管理，提高中国航空安全管理水平具有较强的现实意义。

一、航空安全文化运行模式的演进过程

随着人们对航空安全认知的深入，航空安全文化运行模式也经历了从惩罚文化模式到法规文化模式，进而发展到自我管理文化模式和公正文化模式的演进过程。

（一）惩罚文化模式

惩罚文化的基本特点是明确裁定责任，通常将责任归结到事故链的最后一人。惩罚文化强调的是把人当作不可靠因素。在惩罚文化模式中，追究个人的过失实质上有利于推卸组织的责任。

（二）法规文化模式

法规文化认为，安全文化建设的核心在于完善安全管理文件、加强安全监控。法规文化模式的管理者注重安全规章的编制、安全指标的控制，以及安全信息的收集、整理和保存工作。企业采取各种方式，确保安全数据的可得性；通过安全审计等方式对日常运作进行监督检查。法规文化是航空安全文化建设的重要成果，大量法规的建立和发展促进了航空安全的规范化管理，在一定时期内为降

低航空事故率起到了重要的作用。规章的有效贯彻依赖人的能动性。这就要求员工在充分理解各项设备工作原理的基础上具体分析，最优地使用设备和最有效地贯彻规章。

（三）自我管理文化模式

随着安全关口的前移，研究人员认为态度是反映文化特征的核心要素，因此开始把态度评价作为安全文化诊断和行为预测的指标。自我管理文化与惩罚文化、法规文化的根本区别在于变被动反应型、强制型管理为主动预防型、自愿型管理。在该模式中，控制人为不安全因素不再由外部压力驱动，而是员工自身的需要。

（四）公正文化模式

公正文化认为，构建航空安全文化应该从"处罚"中解放出来，转向查找容易发生失误的环境，这就需要完整而系统的安全事件报告制度。其中包含两层意思：①查明失误环境后，有助于采取措施，降低类似失误再次发生的可能性（失误预防）；②查明失误环境，有助于做出计划部署，减少失误造成的负面影响（失误补救）。公正文化依赖于员工和管理者之间的高度信任和尊重。在公正文化模式中，员工必须对一切可能对安全产生影响的行为负责；所有决策都必须考虑其对安全的影响。

二、航空安全文化运行模式的构成与关键程序

模式是研究和表现事物规律的一种方式，它能简洁、明确地反映事物的过程、逻辑、功能、要素及其关系，具有系统化、规范化、功能化的特点。航空安全文化运行模式是用于构造、理解、规范航空安全文化的知识体系。航空安全文化模式既是态度问题，又是机制设计问题，同时还涉及处理所有安全问题所应具备的理解能力。

（一）航空安全文化运行模式的构成

1.安全物态文化

安全物态文化是企业安全文化的实体（硬件）和外部形象标志。航空器是航空运输业最重要的生产资料。因此，航空安全物态文化的核心就是保证投入运行的航空器达到必需的安全技术标准。只有对航空器维护适当、操作正确，才会将因航空器引发的灾难发生概率降到最低。

2.安全制度文化

安全制度文化包括安全生产的法律法规、标准，以及企业制定的规章制度、职业安全标准、安全行为准则等。

3.安全精神文化

安全精神文化包括安全价值观、安全生产意识、安全精神激励、安全质量效益的认知等。

4.安全行为文化

安全行为文化包括领导安全管理、决策和指挥行为，员工的工作及操作行为等。

5.安全战略文化

安全战略文化指与企业经营战略和企业文化相互促进、相互依存的安全文化。安全战略文化体现企业安全系统的目的，一般通过三项指标来考查：①安全战略文化与企业战略、企业文化之间的融合性；②安全战略文化的可操作性；③安全战略文化导向作用。

6.前馈系统

航空安全管理的首要目的是切断事故链，干预事故发生进程。为了更好地预防事故，需要增强安全管理系统中防御系统的效能，通过风险评估、隐患识别、控制、指导等手段，觉察并预防航班运行过程中的各种潜在失效与现行失效。相对于传统的通过事故反馈建立的预防措施，安全文化评价系统属于预先反馈，因此又称为"前馈系统"。

7.反馈系统

系统的稳定性依赖完备的反馈系统。安全反馈系统是指在企业安全运营过程中，发现并传递管理制度中存在的问题，对企业的安全制度进行修正的过程。航空安全反馈系统的检验标准包括：①安全信息反馈渠道的顺畅程度；②基层员工对航班运行过程中组织缺陷的敏感程度；③决策层处理各种反馈信息的效率；④反馈形式的多样性。

8.系统的开放度

系统的开放度是指企业掌握外界环境变化信息并对环境变化做出反应的程度。从航空生产过程与外部环境的关系来看，科学技术的发展为提高企业的运行能力和生产率创造了条件，也使企业需要从外界获取更多的能量流、信息流。航空运输企业与供应商、顾客、竞争者、政府及公众组织之间都有着能量和信息的交换。因此，航空安全文化运行模式也是一个与外界环境不断进行着能量、物质和信息交换的开放系统。

（二）航空安全文化运行模式的关键程序

航空安全文化运行模式中基本要素的组合决定了安全文化模式的构成。通过对系统活动进行动态考察，确定了安全文化运行模式在运行过程中包含三个关键要素。

1.安全文化子系统之间的协调机制

大系统的稳定运行依赖各子系统的协调发展。航空安全文化各子系统间具有内在的协调性，各子系统间相互依存和制约决定着航空安全文化的运行过程和演进方向。

各子系统之间及大系统与外部环境间存在着多重反馈的关联性质。关联关系的复杂化及演进比例关系的失调是大系统出现各种不协调问题的根源。就航空安全文化而言，只有在各子系统的变革状况处于协调状态时，一方的发展才可能为另一方的发展创造更为有利的条件。

2.安全文化系统与安全战略文化的动态关系

安全战略文化是安全文化系统的核心和灵魂，决定了安全文化子系统的特点及构成要素。在航空安全文化子系统中，安全精神文化是以安全战略文化为基础的、企业内部逐步形成的安全价值观和安全态度。安全行为文化是在安全战略文化指导下形成的安全行为准则、思维方式、行为模式。安全行为文化既是安全战略文化的外在表现，又作用于安全战略文化。航空安全制度文化包括一般安全制度和特殊安全制度。企业依据自身安全战略文化对其安全制度进行动态修正。安全制度文化是安全精神文化的载体，具有从属性和被动性，同时又是企业安全文化存在的外在表现。安全战略文化与安全文化其他三个子系统之间相互作用，指导组织中的员工行为、维持组织安全管理的稳定性与连续性，以更好地预防事故，增强防御系统的效能。

3.安全文化系统对安全行为的作用机理

随着科技进步，航空运输企业通过采用高效的生产技术，灵敏、可靠的安全预警和防护系统，快捷的事故应急系统来影响人的安全行为。安全制度文化是航空运行的保障机制。安全制度文化对人的安全行为影响表现为安全责任的落实、航空规章的理解、自身安全制度和标准体系的建设等方面。

安全精神文化主要通过安全观念、企业社会责任等对员工的安全行为产生影响。安全行为文化是企业安全文化的动态组成部分，安全行为文化通过对决策层、管理层、操作层的行为模式施加影响，进而影响人的具体行为。

三、航空安全文化运行模式的功能模块与运行过程

（一）航空安全文化运行模式的功能模块

功能模块位于安全文化运行机制的核心位置，保证航空安全文化运行模式平稳运行，促进安全文化运行模式不断改进。

1.信息反馈机制

航空安全信息反馈机制是在航班运行过程中，发现管理或制度上的缺陷，并将相关信息从执行层经管理层传达到决策层的过程，通过该过程实现对企业的安全制度、安全文化的修正。安全文化模式内部各要素之间需建立信息反馈机制，以满足各阶段对信息资源的需求。信息反馈机制的检验标准包括反馈渠道的顺畅程度、员工对组织缺陷或漏洞的敏感程度、反馈方式的多样性等。

随着航空机械设备的稳定性和安全性大幅提高，由机械电子设备故障引起的飞行事故及事故征候大幅度下降。而自愿报告系统收集航空从业人员自愿提交、针对生产运行过程中不安全事件和安全隐患的报告，其目的是及时发现安全系统运行的隐患和薄弱环节，分析企业安全的整体趋势和动态。自愿报告系统具有隐蔽性、自愿性、保密性和非惩罚性等特点。通过自愿报告系统中的数据资料和分析研究结果，有助于及时发现目前航空运行系统存在的缺陷，提高航空系统安全水平。

2.自适应机制

自适应机制是指航空安全文化运行模式应及时、准确地满足自身发展的要求，主动适应需求的系统构建方式。自适应机制的关键在于加强安全文化评价系统建设。航空安全文化水平体现在员工的安全素质和安全管理水平上。

目前，航空安全文化的评估研究主要集中在心理层面的安全氛围维度，通过心理测量学的研究方法建立相应的评估工具，就测量工具本身而言具有一定的局限性。因此，有必要建立完善的安全文化评价指标体系，对航空运输企业的安全文化进行综合评价，以正确理解和监控航空运输企业安全文化的状态。

3.弹性机制

弹性机制是指航空安全文化运行模式适应环境变化的能力，以及在适当条件下做出局部或全局调整的柔性机制。在航班运行过程中各种问题通常是由各种偶然性、突发性环境因素造成的，这些问题易导致安全文化系统的不稳定。改变系统内部各要素及各部门的硬性衔接方式，加强部门之间、团队之间的协调，促进安全文化模式的系统化、柔性化。

健全安全文化弹性机制不能仅依靠机组资源管理，还需要建立机务维修资源管理、商务资源管理等综合资源管理系统。航空运输企业可借鉴机组资源管理的经验和方法，对整个航空系统的综合资源进行有效管理。

4.信息共享机制

信息共享机制是指信息系统各要素之间、信息系统与环境之间可以共享信息的机制。航空安全文化的运行需要每个员工积极参与、支持和配合。安全理念的宣贯决定了安全文化能否顺利实施。为确保安全文化管理体系有效实施，企业应组织员工就航空安全事务进行协商和沟通，使航空安全管理变成全体员工的共同事业。建立健全航空安全共享机制的途径包括：安全信息系统建设、安全教育、安全事故分析、企业内部网络的安全论坛等。

（二）航空安全文化运行模式的运行过程

企业安全文化模式的建立是一个程序化、系统化、动态循环的安全文化管理过程，并以持续改进的思想指导企业实现其既定的目标。作为一个系统化的管理模式，航空安全文化模式的实施必须在航空安全文化运行机制的作用下，结合航空安全风险与管理的实际，进行计划决策、模式运行、绩效检查、模式改进。

1.计划决策

航空安全文化建设是一项复杂的系统工程，进行安全文化建设，必须对航空安全文化的现状进行分析，只有认清现状，发现安全文化缺陷，才能从根本上改进企业现有的安全文化体系。计划决策的具体工作包括：调查研究、安全文化要素辨识、安全文化目标制定、安全生产体系规划、建立领导承诺系统等。

计划决策的主要任务有：①通过调查研究，评估安全文化现状；②根据评估结果，对安全文化模式进行策划与设计。航空运输企业应根据自身运行情况，结合国内外优秀企业的良好实践，进行标杆分析，从而确定公司层面的安全文化发展计划和安全标准。

2.模式运行

航空运输企业通过制度和程序来推进安全文化改进计划。在模式运行过程中，根据安全计划任务，将目标具体落实到部门和有关人员。模式运行的任务包括：①确定组织机构与职责权限；②提供安全培训；③传播安全文化；④完善安全防护；⑤保证安全技术投入。由于航空运输风险高、专业性强，在模式运行过程中，应注意根据实际情况进行变化，对安全文化要素辨识、风险评价和风险控制等过程进行评审，并提前采取预防性措施。

3.绩效检查

安全措施最终的整体效果还需要在航班运行过程中检验和确认。航空安全监管机构应及时对计划实施情况进行绩效检查。绩效检查包括：自我评估、管理巡视、监督等。

绩效检查的具体对象包括：①安全文化的实际水平；②安全文化自我完善机制的运行情况；③员工安全意识的增强；④为确保航空安全管理体系的适用性和充分性，对安全目标及安全生产体系提出改进措施。

4.模式改进

模式改进来自日常检查中所发现的事故隐患、不安全事故的调查分析、安全文化评价提出的改进要求。通过实施安全文化评价，企业安全管理负责人召集相关部门对整个实施过程进行总结。逐级落实细化后的安全文化改进措施，并按照既定进度实施。

航空安全管理计划的目标负责人应对安全措施落实情况和下一阶段的实施进程进行分析、协调及修正，并确定出下一阶段的实施计划，通过几次循环反复，直到最终完成拟定的全部目标。

在航空安全文化模式的实施过程中，各步骤既相互独立又密不可分，构成了一个以安全目标为导向的完整逻辑整体。该模式以安全文化各子系统为实施对象，以安全文化形式系统为载体，对其进行整体的规划；用系统和发展的观点进行航空运输企业安全文化建设，从各个方面推进安全文化建设。

第三章　航空安全管理与体系研究

航空安全是航空领域的首要问题，航空安全管理与体系是确保航空安全的有效和重要途径。本章对航空安全管理的职责，航空飞行安全风险控制，航空安全系统工程与安全控制，航空安全管理体系的原理、特征与构成进行论述。

第一节　航空安全管理的职责

立足长远，着眼当前，以建立健全符合社会主义市场经济要求的民用航空安全管理体系和运行机制为主线，以完善安全生产法律法规、落实安全生产责任制为重点，以"持续安全"理念为前提，坚持"安全第一、预防为主、综合治理"的基本方针，坚持以人为本的安全理念，严字当头，赏罚严明，坚持技术、装备、培训并重，实施"科技兴安"战略，建立安全长效机制，大力加强安全基础建设和安全生产监督管理，确保民用航空生产运行始终处于安全、稳定、协调、持续的可控状态。

有效的航空安全管理需要应用系统的方法制定安全政策、程序及措施，使组织能够实现其安全目标。与其他管理职能类似，航空安全管理需要策划、组织、沟通和提供指导。航空安全管理将不同的活动融为一个相互联系的整体，之后还需要进行评估，并验证该组织安全管理措施的适用性和有效性，从而完成航空安全管理的全过程。航空安全管理程序的实施主要依赖完善的航空安全管理组织体系来实现。

在实施航空安全管理政策、程序及执行方案时，安全和有效管理责任由各种组织机构分担，具体职责如下。

一、航空组织的职责

（一）国际民用航空组织的职责

国际民用航空组织是联合国的一个专门机构，旨在促进全世界民用航空安全、有序地发展。从从管理角度而言，国际民用航空组织的作用是为国际航空器运行的安全管理提供程序和指导，以及促进全球航空运输的规划与发展。这一宗旨主要是通过制定标准和建议措施来实现的，反映了各国最好的运行经验。

国际民用航空组织还通过推广最好的安全做法，为安全管理做出贡献。更具体地说，国际民用航空组织的职责包括以下几点。

第一，为国家和经营人提供涵盖航空安全的指导材料（包括飞行、适航、空中交通服务、机场及机场保安等）。通常，这些指导材料以手册或通告的形式发出。

第二，通过编写安全管理手册的方式，说明安全管理的原则，并为实施有效的安全管理提供指导方案。

第三，确定事故、事故征候调查和报告的国际程序。

第四，促进航空安全的方式。具体方式包括：①通过事故和事故征候报告系统及其他途径，共享全球事故和事故征候信息；②通过各类出版物传递航空安全信息；③组织或参与研讨航空安全特定问题（事故调查、事故预防和人的因素）的会议和研讨会等。

第五，根据全球普遍安全监督审计计划对缔约国进行审计，通过安全审计实现对缔约国安全管理能力的监督。

（二）中国民用航空局的职责

我国由中国民用航空局对遵守国家航空安全的法律和规章，以及实现国家的安全目标进行必要的监督。其主要职责包括以下几点。

第一，提出民航行业发展战略和中长期规划、与综合运输体系相关的专项规划建议，按规定拟订民航有关规划和年度计划并组织实施和监督检查。起草相关法律法规草案、规章草案、政策和标准，推进民航行业体制改革工作。

第二，承担民航飞行安全和地面安全监管责任。负责民用航空器运营人、航空人员训练机构、民用航空产品及维修单位的审定和监督检查，负责危险品航空运输监管、民用航空器国籍登记和运行评审工作，负责机场飞行程序和运行最低标准监督管理工作，承担民航航空人员资格和民用航空卫生监督管理工作。

第三，负责民航空中交通管理工作。编制民航领域规划，负责民航航路的建设和管理，负责民航航空通信导航监视、航行情报、航空气象的监督管理。

第四，承担民航空防安全监管责任。负责民航安全保卫的监督管理，承担处置劫机、炸机及其他非法干扰航空事件的相关工作，负责航空安全检查、机场公安及消防救援的监督管理。

第五，拟订民用航空器事故及事故征候标准，按规定调查处理民用航空器事故。组织协调民航突发事件应急处置，组织协调重大航空运输和通用航空任务，承担国防动员有关工作。

第六，负责民航机场建设和安全运行的监督管理。负责民用机场的场址、总体规划、工程设计审批和使用许可管理工作，承担民用机场的环境保护、土地使用、净空保护有关管理工作，负责民航专业工程质量的监督管理。

第七，承担航空运输和通用航空市场监管责任。监督检查民航运输服务标准及质量，维护航空消费者权益，负责航空运输和通用航空活动有关许可管理工作。

第八，拟订民航行业价格、收费政策并监督实施，提出民航行业财税等政策建议。按规定权限负责民航建设项目的投资和管理，审核（审批）购租民用航空器的申请。监测民航行业经济效益和运行情况，负责民航行业统计工作。

第九，组织重大民航科技项目的开发与应用，推进信息化建设。指导民航行业人力资源开发、科技、教育培训和节能减排工作。

第十，负责民航国际合作与外事工作，维护国家航空权益，开展与港澳台的交流与合作。

第十一，管理民航地区行政机构、直属公安机构和空中警察队伍。

第十二，承办国务院及交通运输部交办的其他事项。

（三）行业与专业协会的职责

行业与专业协会在安全管理中同样起着重要作用。国际、国家和地区利益相关者为了提高商业利益，通常会组成行业与专业协会；然而，利益相关者越来越认识到航空安全与盈利率之间的紧密联系，认识到一个航空公司发生的事故可能损害它们自身的商业利益。因此，航空公司协会积极关注行业在技术、程序等方面的发展，同时航空公司协会成员在识别危险、减少或排除这些危险的行动中进行合作。目前，许多航空公司可以通过此种协会来交流安全数据，以加强公司的航空安全管理。同样，代表不同专业群体（如飞行员、空中交通管制员、航空器维修工程师和客舱乘务员）利益的专业协会，也积极推动航空安全管理，通过研究、分析和宣传，为识别和减少安全风险提供各种专题的专业知识。

越来越多的航空公司与其他航空公司合作或结成联盟，通过代码共享协议拓展其有效的航线结构。为了保护自身利益，联盟的合作伙伴相互之间进行安全审计，从而提高了航空公司的安全水平。

总之，航空的国际性质要求各个环节应努力联合成为统一的全球航空安全系统，这就需要在各个层次和水平上合作与协助。

二、航空缔约国的职责

国家肩负着建立安全高效的飞行环境的重要职责。不管采用何种风险管理方法，均有义务执行国际民用航空组织的标准和建议措施。为此，各缔约国必须按照约定的基本要求，履行以下职责。

（一）提供必要的法律及管理规定

有效安全管理体系的基本法律框架应涉及的领域包括以下几点。

第一，国家航空法应确定国家商业航空安全管理和私人航空安全管理的目标。一般来说，国家航空法包括国家的航空安全观，并明确为实现这些目标的主要责任、问责办法和权力。

第二，航空器及其零部件制造和贸易方面的法律用于规范安全的航空设备和服务的生产、销售。

第三，劳动法（包括职业安全和健康法）用于为保障航空从业人员能够安全履行其职责所应具备的工作环境并确定基本的管理规则。

第四，保安法用于促进工作场所的安全，例如管理谁能进入运行区，以及在什么样的条件下可以进入运行区，同时保安法还可以起到保护安全信息源的作用。

第五，影响机场和导航辅助设备选址的环境法可对飞行运行产生影响，例如降低噪声程序。

（二）拥有建立相关组织的权力

国家应建立确保规章得到遵守的机构，这一机构通常被称为民用航空局。其职责包括：①确立必要的法定权威机构或代表机构来管理规范航空业；②确保配备足够的合格技术人员；③保持有效的安全监督系统，以评估管理要求贯彻执行的情况。

（三）建立适当的安全监督机制

建立适当的安全监督机制，以确保经营者和服务提供者在其运营中维持可接受的安全水平。

安全高效的航空环境依赖于重要的航空基础设施和服务，包括机场、导航设备、空中交通管理、气象服务、飞行信息服务等。国家必须确保维持航空业的基础设施和服务，以满足国际义务和国家的需要。

各国均有责任在国际航空界中做一名"好成员"。各国要做到这一点的最好办法是确保遵守国际民用航空组织的标准和建议措施。当一个国家无法使国家法律和规章与国际民用航空组织的标准和建议措施相一致时，该国就必须申报"差异"。国际民用航空组织公布这些差异以便其他国家了解这些差异。

三、航空产业参与者的职责

（一）航空制造商的职责

航空制造商的职责在于每一代新设备都应该在最新"技术发展水平"和运行经验的基础上对原有设备进行改进。航空制造商生产的航空产品必须符合适航及其他国内和国际标准，并满足购买者经济需要和性能需要。航空制造商还应提供支持其产品的手册和其他文件。此外，航空制造商还应通过提供产品技术支持和培训等方法，提供特定设备部件的安全记录或部件的使用记录。

另外，大型航空器制造商还应设有安全部门，其职责包括：监视航空器的使用情况，为制造过程提供反馈并向其客户传播安全信息，为更好地促进全球航空安全运行起到积极的作用。

（二）航空器管理者的职责

大型航空公司所采用的许多安全管理活动，通常是在遵守国际民用航空组织标准和建议措施及国家法律和规章要求的前提下，由安全管理办公室执行。安全管理办公室负责监控公司的总体运行情况，并且就排除或避免已识别出的危险或把相关风险降到可接受水平需要采取的行动，向公司管理层提出相应的建议。

航空公司管理者拥有管理安全风险的权力和责任，通过制定识别风险、评估风险、风险分级的系统方法，减少或排除构成最大潜在损失的风险来履行其职责和行使其权力。唯有航空公司管理者才有能力对组织的结构、人员配备、设备、政策和程序进行变更。

航空公司管理者决定组织的安全文化，通过加强安全措施，向所有员工传达安全信息，并把安全作为组织的一项核心价值标准。

（三）航空服务提供者的职责

将空中交通服务和机场运营公司化（或私有化）可以提高运营效率并具有经济意义。因此，越来越多的国家下放了提供该服务的责任。不管是航空服务的所有者还是管理机构，均应在其专门技术领域内建立并实施安全管理体系。

（四）第三方承包商的职责

安全管理体系必须确保一个组织的安全水平不因第三方承包商所提供的投入供应品而受到损害。在诸如加油、配餐、航空器保养和大修、跑道和滑行道的建造与维修、机组人员培训、飞行计划、飞行签派和飞行跟踪等领域，提供支持飞行运行的服务往往涉及私人承包商。不管是对大公司承包商还是对小企业的企业主，签约单位（如航空公司、机场经营人或空中航行服务提供者）均负有管理承包商承担的安全风险的全部责任，合同必须规定应达到的安全标准。因此，签约单位有责任监督承包商遵守合同中规定的安全标准。

第二节　航空飞行安全风险控制

航空飞行安全是指在航空器运行期间不发生由飞行或其他原因造成的人员伤亡、航空器损坏等事故。通用航空由于作业空域广、作业环境复杂等使作业人员在作业过程中面临的各类风险较多。

一、基于自然的航空飞行安全风险控制

（一）在恶劣天气下的飞行风险的控制

许多事故的主要原因是飞行员在不适宜飞行的气象条件下决定起飞或继续飞行。超过80%的可控飞行撞地（CFIT）都是由飞行员在气象条件恶化时继续飞行或对当前状况认知不明确造成的。与气象条件有关的飞行降落事故通常发生在阵风、横风或湿滑跑道的条件下，最终造成航空器受损，甚至人员伤亡。通用航空器在低空飞行时，气象条件会发生快速变化，需要飞行员保持高度警惕。

在起飞前，机组人员会根据天气预报制订相应的飞行计划，但是由于气象条

件的多变性和天气预报的不完全可靠性，难免会出现飞行途中气象条件低于预期水平或必须在恶劣天气下执行飞行任务的情况，这就增加了飞行的风险。因此，需要机组人员掌握基本的气象学知识并事先对在恶劣气象条件下的飞行有所准备。

1.气压场的影响

（1）气压：①低气压。低气压移动迅速，通常产生云雨天气，其中心位置通常有间隙较小的对流云。②高气压。高气压又称反气旋，通常产生晴朗无云、较为稳定的气象条件。但在冬季可能出现辐射雾或白天产生、夜间消散的层积云，影响飞行能见度。

（2）低气槽。低气槽通常产生多云雨的气象条件，尤其在高原地区的低空容易产生大量云团或雷暴天气，直接影响飞行安全。

（3）高气脊。高气脊产生稳定的气象条件，但移动速度较快，不过对飞行安全的不利影响较小。

（4）鞍形气压场。鞍形气压场在秋、冬两季时容易产生辐射雾，在夏季容易产生雷暴。

2.降低恶劣天气对飞行安全影响的措施

（1）提高对恶劣天气危害飞行的认识。针对恶劣天气对飞行的危害，飞行人员须掌握具体恶劣天气对飞行安全的影响，充分认识在恶劣天气下飞行时可能出现的危险。

（2）加强与气象部门的联系。在飞行前，飞行人员要认真向气象部门详细了解飞行区域和航线的天气情况，特别是对有可能产生雷暴天气的区域和航线，要认真研究雷暴的性质、位置、范围、强度、高度、移向、移速及变化趋势，同时还要考虑绕飞方案及注意事项。

（3）加强空管。在云中飞行时，遇到的天气更加复杂多变，飞行人员不仅要根据机载雷达判断情况，同时也要请求地面雷达配合，听从空中管制人员的指挥。只要有可能，飞行人员就应尽量避开雷暴活动区，其方法是推迟起飞时间、改变航线及飞行高度，如有必要还须采取空中等待、绕飞、改降或返航等措施。当起飞机场有雷暴时，通常不要起飞；如雷暴较弱，任务又紧急，又有绕飞的可能，可向无雷暴的方向起飞。当降落机场有雷暴时，一般应飞到备降机场降落；如任务紧急或油量不足时应寻找有利的降落地点；当有雷暴时，应采取绕飞或爬高飞越，在机场上空上升后出航或下降后降落。在雷暴区边缘的机场起飞、降落时，应注意低空风切变的影响。

（4）加强对天气的监测。由于天气不断变化，为保证飞机的飞行安全，一方面，要加强同地面的联系，与气象部门建立信息通道，及时掌握天气变化情况；另一方面，飞行时应用机载雷达监视天气变化，当发现积雨云回波时，应不间断地注意其强度变化。

（5）避免在雷暴、云雾天气飞行。飞机尽量不要在雷暴云的下方飞行，因为云与地之间被闪电击的次数最多，飞机在这个区域最容易遭到闪电击。如已在云下飞行，应设法避开孤立的山丘、大树和高大的建筑物的尖顶。

飞机尽量不要在中等强度以上的降水中飞行，以避免飞机遭受雷击。在雷雨季节，飞机停放时，需做好防护，接好地线，做好防止飞机在地面遭受雷暴、大风、冰雹的各种工作。

（二）结冰防控

飞机结冰是指飞机机体表面某些部位聚集冰层的现象。它主要由云中的过冷水滴或降水中的过冷雨碰到飞机机体后结冰而成，也可由水汽直接在机体表面凝华而成。飞机在云中飞行时间过长易导致结冰。

1.结冰的原因

（1）天气条件。①冻雨、毛毛雨。外界温度在0 ℃以下时，过冷状态的雨滴一旦与物体接触即会结成冰。②冻结的降水，如雪、雨夹雪或冰雹。雪的种类（湿雪/干雪）与温度、露点有关。湿雪通常出现在温度和露点之差在1 ℃以内，外界温度为–4～1 ℃的天气。干雪出现在温度和露点之差在5 ℃以上，外界温度在–8 ℃以下的天气。③过冷的地面雾和冷低云。在寒冷天气下，带有过冷水滴的云会在物体表面结成冰。④在温度在冰点或以下，相对湿度很高的情况下，飞机表面会形成霜。飞机停场过夜时，以及飞机从巡航高度下降着陆后，飞机表面、燃油温度仍保持在冰点以下时容易积霜。

（2）地面条件。冰的积聚还可能源于其他地面运作或地面运行：露天停放的飞机上也会形成积冰。飞机在有水汽、雪水或雪的停机坪、滑行道和跑道上运行，可能导致结冰。地面风、其他飞机或地面辅助设备不断把雪吹起来，可能导致结冰。活塞式发动机化油器结冰的情况不仅能在寒冷天气里发生，当湿度较高时，即使在温暖的天气里飞行也会结冰，尤其是在发动机转速降低时（这种现象称为诱导结冰）。实验表明，气温高于25 ℃、相对湿度达到30%时，即可导致发动机在转速下降时发生化油器结冰的情况。在巡航速度下，当相对湿度达到60%时，20 ℃即可发生结冰。

（3）其他天气条件。当在如下天气条件下飞行时，由于相对湿度较高，容易发生结冰情况：①云雾消散后不久的晴朗天气或雾层顶部下方容易发生结冰情况。②在云层底部或云层之间容易发生结冰情况。③降雨天气，尤其是持续性降雨天气容易发生结冰情况。④地表或低空能见度较差，尤其是在水域上空的清晨或傍晚，容易发生结冰情况。⑤地表潮湿，且风力较弱时容易发生结冰情况。

（4）发动机自身的原因。由于汽油的易挥发性及其中含有水分，使用汽油的活塞式发动机容易发生化油器结冰的情况。化油器表面的粗糙程度会影响其结冰程度，粗糙的表面会加剧结冰的程度。液冷式的活塞式发动机在降低转速时，发动机温度降低较慢，可降低结冰的程度。

2.结冰的分类

（1）迎冰雪结冰。在雪天、雨夹雪或气温低于0 ℃的云层中飞行时，机体的迎风面可能会结冰。当机翼上结冰时，会破坏机翼的气动外形。根据风洞试验数据，直径1～2毫米、食盐大小的细小霜粒或冰粒，按每平方厘米一个的密度稀疏分布在机翼上表面，就会造成机翼上表面粗糙，从而导致最大升力系数在地面效应和自由空气两种条件下分别损失22%和33%。当发动机吸入空气中或飞机上破碎掉落的冰时，可能对发动机造成损伤。

（2）燃油结冰。在气温较低的环境中，燃油中含有的水分可能会结成冰，这种情况常见于管路弯肋位置。

（3）活塞式发动机化油器结冰。对于活塞式飞机而言，化油器结冰是最常出现的也是风险程度最高的结冰类型。燃油在汽化时，温度会下降，当油气混合物通过节流阀时，压力降低，温度再次下降。如果混合物的温度低于露点，则混合物中的水分会凝结；若混合物的温度低于冰点，则混合物中的水分会在化油器表面结成冰。这种结冰情况会堵塞管路，严重影响发动机正常运行。

3.积冰程度划分

为了说明积冰情况的严重性，可以将积冰程度划分为四个等级。

（1）微量积冰。这种程度的积冰率稍大于升华。除非出现的时间很长，一般情况下微量积冰不会对飞行安全造成危害。

（2）轻度积冰。这种程度的积冰出现时间超过1小时就会给飞机带来一些问题，但如果间断地使用防冰设备就不会给飞行安全造成危害。

（3）中度积冰。即使短时间遇到这种程度的积冰也会有潜在的危险，遇到这种情况必须使用防冰设备，同时也可以考虑改变飞行高度或航向。

（4）严重积冰。在这种积冰率下，防冰设备已不能减少或控制积冰，必须立即改变航向。

总之，不同类型的飞机在相同的环境下对积冰程度的反应是不一样的，如驾驶大型飞机的机组所报告的轻度积冰对一架赛斯纳150飞机来说可能就是严重积冰。

二、基于飞行技术的航空飞行安全风险控制

（一）飞行避让

航空飞行除水面运行外的航空优先权规定如下。

第一，当气象条件许可时，无论是按仪表飞行规则还是按目视飞行规则飞行，航空器驾驶员必须注意观察，以便发现并避开其他航空器。在另一架航空器具有航行优先权时，驾驶员必须为该航空器让出航路，并不得以危及安全的间隔在其上方、下方或前方通过。

第二，遇险的航空器享有优先于所有其他航空器的航行优先权。

第三，在同一高度上交叉相遇，驾驶员从座舱左侧看到另一架航空器时，应当下降高度；从座舱右侧看到另一架航空器时，应当上升高度。但有一些情况除外：①有动力装置重于空气的航空器必须给飞艇、滑翔机和气球让出航路；②飞艇应当给滑翔机及气球让出航路；③滑翔机应当给气球让出航路；④有动力装置的航空器应当给拖曳其他航空器或物件的航空器让出航路。

第四，从一架航空器的后方，在与该航空器对称面小于70°的航线上向其接近或超越该航空器时，被超越的航空器具有航行优先权。而超越航空器无论是在上升、下降还是平飞，均应向右改变航向给对方让出航路。此后二者相对位置的改变并不解除超越航空器的责任，直至完全飞越对方并有足够间隔时为止。

第五，当两架或两架以上航空器为着陆向同一机场近，高度较高的航空器应当给高度较低的航空器让路，但后者不能利用本规则切入另一架正在进入着陆最后阶段的航空器的前方或超越该航空器。已经进入最后进近或正在着陆的航空器

优先于飞行中或在地面运行的其他航空器，但是不得利用本规则强制另一架已经着陆并将脱离跑道的航空器为其让路。

第六，一架航空器得知另一架航空器紧急着陆时，应当为其让出航路。

第七，在机场机动区滑行的航空器应当给正在起飞或即将起飞的航空器让路。

（二）目视飞行情景意识

观察并避让是飞行员在目视飞行条件下飞行时避免碰撞的主要方法。这是飞行员情景意识的一个重要部分，即观察驾驶舱外环境并判断当前情况的能力。该技能包括：有效的观察能力，从地面和其他飞机的通信中获取信息的能力，掌握理解当前空域情况的能力。在所有飞行阶段和所有飞行高度都可能发生碰撞，在空域内飞机密度较大时，尤其是靠近机场的情况下，当飞机转向、下降或爬升时，更容易发生碰撞。

经验丰富或经验不足的飞行员都有发生碰撞的风险。经验不足的飞行员由于操作不够熟练，飞行技能生疏，因此容易对驾驶舱外的情况观察不足；而经验丰富的飞行员，由于经历了长时间的安全飞行，可能会放松警惕，从而对驾驶舱外的情况观察不足。空域内飞机密度过大和飞行速度过快，且空中交通管制人员由于流量过大或受地形、天气影响无法正常服务时，容易引起空中碰撞。

（三）失速控制

飞机失速是飞机迎角超过临界迎角，机翼升力面出现严重的气流分离，导致飞机升力骤然下降，阻力急剧增大的现象，具体表现为飞机失去控制，自动进入滚转或飘摆状态，进而造成飞机失事。

1.机翼升力的变化规律

（1）当迎角较小时，升力较小。

（2）当迎角增大时，升力随之增大。

（3）当迎角增大至机翼上表面，气流开始产生分离时，上表面的气流变得较为平坦，升力随着迎角的增大而等比例增大。

（4）当达到临界迎角时，升力最大，此时也是失速的临界点。

（5）当迎角大于临界迎角时，上表面的气流与上翼面完全分离，升力迅速下降，飞机进入失速状态。

2.失速的影响因素

（1）迎角。在固定的参数下飞行时，一架飞机的失速迎角是固定不变的。

（2）翼型的改变。打开缝翼可以增大临界迎角。在迎角相同时，缝翼的打开对升力影响不大，但可以允许飞机在更低的速度、更大的迎角下安全飞行。在迎角不变时，打开襟翼可以增大升力。另外，机翼结冰会破坏机翼的空气动力学特性，容易引起失速。

（3）飞机质量。飞机质量不影响临界迎角，但会影响失速速度。在速度不变时，飞机质量越大，其所需的升力越大，迎角越大，更容易达到临界迎角。

（4）发动机转速。螺旋桨飞机的发动机在转速增大时，会在机翼上表面形成气流，减缓上翼面气流的分离，在迎角不变的情况下增大升力，减小失速速度。

3.失速的判断与告警

若飞机在迎角增大、速度减小的过程中，出现不可控的机头下俯、对俯仰/横滚操作的响应异常、高度迅速降低、不能正常迅速制止滚转、剧烈的抖振等情况，便可判断飞机已进入失速状态。两种例外情况是：①当飞机操纵到后止动点，升降舵达到上偏极限时，飞机迎角不再增加，速度也不再减小；②飞机安装了防失速装置（推杆器），当达到其工作点并使飞机迎角再增大10%时，飞机所能达到的最小稳定速度也称为失速速度。

（1）失速的判断。失速的预测由失速告警计算机完成。失速告警计算机通过对迎角传感器、大气压力传感器、襟翼传感器、着陆机构传感器、飞机姿态和过载传感器的信息进行计算。实现对飞行状态的实时监控，对飞机飞行趋势进行预测，在飞机进入失速状态前向告警系统发出告警信息。失速告警系统一般依据以下情况发出告警：①大迎角失速。比较临界迎角和飞机实际迎角，在接近临界迎角且失速之前发出告警。临界迎角是根据襟翼和缝翼的位置计算出来的。②最低速度失速。对于某个襟翼位置，在飞行速度太低时发出告警。③激波失速。在飞机因速度太快，接近临界马赫数，产生激波，出现声障等之前发出告警。

（2）失速告警和措施。失速告警系统一般通过如下形式发出告警并采取措施：①屏显上会有俯仰限制符号，以及最小和最大安全飞行速度符号。②随着迎角增大。发动机会连续点火，以防止迎角过大造成发动机喘振，甚至空中停机。

③迎角继续增大。抖杆，同时断开自动驾驶。抖杆器使驾驶杆抖动，同时发出音响和灯光告警，提醒驾驶员立即采取措施。④迎角仍然增大推杆。装了推杆器的飞机会自动推杆，并强制压低机头来防止失速。这已经不是告警而是实际的措施。⑤自动襟翼。当速度大于失速速度而小于安全速度时，自动襟翼系统使前缘襟翼从半伸出位变为全伸出位，以增大临界迎角，延迟失速。⑥驾驶杆变沉。当空速接近失速时，升降舵感觉计算机增加驾驶杆的感觉力，这时候如果飞行员想拉杆使升降舵向上移，企图让飞机抬头的话，驾驶杆会变得特别沉，以防止飞行员实现拉杆动作，造成飞机大迎角失速。

为了避免失速。在起飞、爬升等阶段，特别是在起飞重量较大或天气炎热时，迎角不应过大。一旦出现失速状况，必须尽快通过推杆等措施改正。

三、基于鸟击事件的航空飞行安全风险控制

鸟击是指鸟或蝙蝠等动物与航空器相撞的情况。它是随着飞机的诞生而出现的一种自然灾害，具有突发性和多发性的特点。鸟击对于航空运输是重大危害，其不仅经济损失巨大，且严重影响航空旅客及机组人员的生命财产安全。

鸟击集中发生在发动机、机翼、雷达罩、风挡等部位，发生最多的部位是发动机，会造成机体损伤、空速管堵塞、发动机受损等，严重危害飞行安全。通用航空飞机大多飞行速度较慢，受鸟击的影响与航线飞机相比较小。但在特殊情况下，由于小型飞机和直升机的风挡玻璃强度较低，发生鸟击事故时可能导致风挡玻璃碎裂，从而对飞行员造成伤害。在大多数情况下，鸟击事故中通常只是单只鸟与飞机发生碰撞，造成的损伤程度有限。但是，仍然需要尽快降落以检查机体的受损程度。

中国航空鸟击事件高发于秋季（9月），发生在飞机起飞、爬升、进近、着陆等低高度阶段的鸟击占绝大多数。0~100米高度发生鸟击的次数最多，但鸟击事故征候率不高，2500米以上发生鸟击的次数较少，但鸟击事故征候率最高。

第三节　航空安全系统工程与安全控制

随着工业的科技含量越来越高，产品越来越复杂，其中的不安全因素导致

事故的危险也越来越大，因此事故原因及事故类型也远比过去更为复杂，而事故本身所带来的经济损失也愈加严重，这迫使人们将安全研究从其他学科中分化出来，逐渐形成了今天的安全工程学科。

安全系统是以人为中心，由与安全问题相关联系、相互作用、相互制约的若干个因素结合成的具有特定功能的有机整体。安全系统工程是指采用系统工程的基本原理和方法，识别、分析、评价和预测系统中存在的危险因素，根据其结果调整工艺、设备、操作、管理、生产周期和投资等因素，使系统可能发生的事故得到控制，并使系统达到最佳的安全状态，达到预期目标的工程技术。

一、航空安全系统工程的构成

（一）人子系统

航空安全系统工程的人子系统涉及人的生理和心理因素，涉及规章制度、规程标准、管理手段、方法等是否适合人的特征，涉及机器对人的适应性，以及环境对人的适应性。

（二）设备子系统

航空安全系统工程的设备子系统从材料设备可靠性的角度来考虑安全性，同时考虑仪表操作对人提出的要求，从人的心理学、生理学角度对设备的设计提出要求。例如，飞机驾驶舱的设计要求：①人类要有一定的驾驶水平和知识水平；②飞机在设计上应使人感到舒适、不疲劳。

（三）环境子系统

航空安全系统工程的环境子系统考虑环境的理化因素和社会因素。其中，环境的理化因素是指噪声、振动、粉尘、有毒气体、射线、光、温度、湿度、压力、热、化学有害物质等；环境社会因素是指管理体制、安全文化、安全氛围等。

（四）三个子系统的关系

航空安全系统工程的三个子系统之间是相互影响、相互作用的关系，使系统总体的安全性处于某种状态。例如，环境的理化因素影响机器的寿命、精度；机器产生的噪声、振动、湿度主要影响人和环境；而人的心理状态、生理状态往往是引起误操作的主观原因；环境的社会因素又会影响人的心理状态，给安全带来潜在的危险。

二、航空安全系统工程的危险源

（一）危险源的辨识

危险源是导致事故或事故征候的必要条件。结果是一个对潜在后果或危险损害的描述。危险源的辨识是安全管理的核心程序，是危险源控制的基础，只有辨识了危险源，才有可能有的放矢地考虑如何采取措施控制危险源。

1.危险源

航空安全管理活动的目的是控制安全风险，这些风险大部分（并非全部）来自自然危险源和技术危险源。

（1）自然危险源。自然危险源是危险发生的自然环境，包括：①恶劣天气或气候环境；②地球物理事件；③地理条件；④公共健康问题。

（2）技术危险源。技术危险源是与安全功能相关的各种危险。技术危险源可能来自设备的缺陷：①航空器和航空器组成部分、系统、子系统、相关设备；②组织的设施、工具和相关设备；③组织外部的设施、系统、子系统和相关设备。

2.主要的危险源

导致危险或故障的事件既可以单独发生，也可以关联发生，主要的危险源包括：①人为差错；②潜在差错；③设计缺陷；④元件故障；⑤软件差错。

（二）危险源的控制

危险源的控制主要通过技术手段实现，包括防止事故发生的安全技术和减少或避免事故损失的安全技术。防止事故发生的安全技术用于约束、限制系统中的能量，防止意外事故的能量释放；减少或避免事故损失的安全技术用于避免或减轻意外释放的能量对人或物的影响。管理是控制危险源的主要手段，通过一系列管理活动，可以控制系统中人的因素、物的因素和环境因素，有效控制危险源。

（三）危险源辨识的方法

1.目标推导法

在操作过程中，由于各种因素的影响，操作结果会偏离目标，这种偏离会对系统安全目标的实现产生一定的影响，而系统安全目标本身就是一种危险状态，因此有必要根据目标偏离的状态来推断系统和工作流程中存在或潜在的危险。具体的方法是对目标的若干条件进行处理，作为风险源的结果，然后向前去寻找风险源。

2.要素推导法

过程要素是指参与过程操作的软件、硬件、环境和相关人员。在实际飞行操作中，由于各种过程要素本身的不稳定性和各种过程要素及人员的不匹配最终会导致运动目标的偏离，这是一种危险状态。因此，可以根据各种过程要素的不匹配状态推断系统和工作流程中的潜在危险。

3.标准比较

当没有足够的信息时，可用这种方法来开展所检验的事件或状况发生的环境与日常经验之间的对比工作。缺乏可靠的标准数据可能会影响安全分析的有效性。在这种情况下，就有必要对相似运行环境下的现实经验进行采样。正常运行监测计划可以为航空运行分析提供有用的标准信息。

4.事件推导法

操作过程中的不安全事件和安全审计结果中发现的问题往往是多种因素共同作用的结果，其中包括各种风险源。之前提到的目标推导法和要素推导法都是主动识别的方法，但实际运行中很难发现足够的、深层次的危险。分析已经发生过的问题和不安全事故，也可以识别危险源。具体办法是对事件和问题进行全方位、深层次的分析，找出导致结果的直接原因，即"一级动因危险源"，然后找出能够穿透组织、人员和环境障碍的相关风险源，即"二级动因危险源"，并用同样的方法继续寻找三级甚至四级动因危险源，哪怕二、三、四级动因危险源未曾发生过，但这些也是潜在的、深层的危险源。

5.统计学分析

在安全分析中用到的许多分析方法和工具，都是建立在统计程序和概念基础上的，比如风险分析就是应用统计学的概率概念。统计学通过对环境进行量化，借助数据提供解决方法，在安全分析中发挥了重要作用，它可以提供更有说服力的安全论据。

6.模拟和测试

危险源可以通过测试变得明显，不安全事件都是小概率事件，可以采用蒙特卡洛方法进行验证。

7.趋势分析

通过监测安全信息的趋势，可以对未来进行预测，即将出现的趋势可能预示尚处于萌芽状态的危险源。当现在的工作表现与可接受的界限产生偏离时，趋势分析可以用来触发告警。

三、航空安全系统工程的系统安全分析方法与评估

（一）航空安全系统工程的系统安全分析方法

系统安全分析方法是安全系统工程的重要组成部分，是对系统存在的危险性进行定性和定量分析的基本方法。航空安全系统是对安全要求非常高的系统，有必要选择符合其特点的系统安全分析方法。

1.依照分析的结果进行分类

依照分析的结果进行分类，系统安全分析方法可以分为定性分析法和定量分析法。

（1）定性分析法。定性分析是对引起系统事故的影响因素进行非量化的分析，只进行可能性的分析或做出事故能否发生的感性判断。预先危险性分析法、危险性分析法和可操作性分析法都属于定性分析法。

（2）定量分析法。定量分析是在定性分析的基础上，运用数学方法分析系统事故及影响因素之间的数量关系，对事故的危险做出定量的描述和判断。

2.依照逻辑方法进行分类

依照逻辑方法进行分类，系统安全分析方法可分为归纳法和演绎法。

（1）归纳法。归纳法是从事故发生的原因推论事故结果的方法，通过对基本事件的分析来总结和确定系统的安全状态。预先危险性分析法、故障类型与影响分析法、危险性分析法、可操作分析法、事件树分析法都属于归纳法。这种方法从故障或事故出发，进而确定危险源。归纳法的优点是可以无遗漏地考察、辨识系统中的所有危险源。

（2）演绎法。演绎法是从事故结果推论事故原因的方法，通过系统发生的事故类型和性质，去探寻导致系统发生事故的原因。因果分析法属于演绎法，这种方法从危险源出发，查找与故障或事故有关的危险因素。

演绎法的优点是可以把注意力集中在有限的范围内，提高工作效率。其缺点是若有遗漏的危险源（或未知危险源），就可能导致事故无法被分析出来。

3.依照事故的过程进行分类

依照事故的过程进行分类，系统安全分析方法可以分为静态分析法和动态分

析法。

（1）静态分析法。静态分析法对系统事故危险的分析不能反映出事故过程和环境变化的特点。

（2）动态分析法。动态分析法对系统事故危险的分析能够反映出事故过程和环境变化的特点，事件树分析法、因果分析法等都属于动态分析法。

（二）航空安全系统工程的系统安全评估

系统安全评估是利用系统安全分析方法对拟建或已有系统可能存在的危险及其可能产生的后果进行综合评价和预测，并对可能导致的事故风险的大小，提出相应的安全措施和整改措施。科学、系统的安全评价有利于消除或控制系统中的危险因素，最大限度地降低各类可能的事故风险，提高安全水平。

1.系统安全评估的具体内容

（1）通过危险源辨识和分析，找出可能存在的危险源，分析它们可能导致的事故类型，判断目前采取的安全措施的有效性和实用性。

（2）危险分析采用定性分析或定量分析的方法，预测危险源导致事故的可能性和严重程度，进行危险度分级。

（3）通过安全管理、安全技术和安全教育等手段，有效控制危险源，降低或者消除危险。

（4）确定可接受风险是根据识别出的风险源和可能导致事故的危险性，以及企业自身的条件，建立可接受风险指标，并确定哪些是可接受风险，哪些是不可接受风险。

2.系统安全评估的原理

系统安全评估同其他评价方法一样，都遵循如下基本原理。

（1）类推和概率推断原理。如果已经知道两个不同事件之间的相互制约关系或共同的规律，则可利用先导事件的发展规律来评估迟发事件的发展趋势，这就是所谓的类推评估，可以看出，这实际是一种预测技术。

（2）惯性原理。对于同一个事物，可以根据事物的发展都带有一定的延续性，即惯性，来推断系统的未来发展趋势。所以，惯性原理也可以称为趋势外推原理。应该注意的是，应用此原理进行系统安全评估是有条件的，它是以系统的稳定性为前提的，也就是说，只有在系统稳定时，事物之间的内在联系及其基本特征才有可能延续下去。但是，绝对稳定的系统是不存在的，这就要根据系统中某些因素的偏离程度对评估结果进行修正。

（3）量变到质变原理。安全状态的转移往往是渐进的，一旦由安全状态转移为危险状态，则是发生了突变，因此针对安全的评价要服从量变到质变原理。

3.系统安全评估的程序

系统安全评估的程序主要包括：准备阶段、危险有害因素识别与分析阶段、定性定量评价阶段、提出安全对策措施阶段、形成系统安全评估结论与建议阶段、编制系统安全评价报告阶段。

四、航空安全系统工程的系统安全决策与事故控制

安全系统是一个不确定的系统，受多种因素影响，所以要以最低的成本达到最优的安全水平，就必须进行决策。航空安全决策是针对生产活动中需要解决的特定安全问题，根据安全标准、规范和要求，运用现代科学技术知识和安全科学的理论、方法，提出各种安全措施，并经过分析、论证与评价，从中选择最优方案，且予以实施的过程。系统安全决策的最大特点是从系统的完整性、相关性、有序性出发，对系统实施全面、全过程的安全管理，实现系统的安全目标。

系统安全决策和系统安全评估有共同的理论基础和组成要素，其方法和步骤也大致相同。系统安全评估是指评估主体估测评估对象（客体）达到既定需求的过程。系统安全决策往往是事前进行的选择，而系统安全评估大多在事后进行。系统安全决策总是在多个备选方案中做抉择，而系统安全评估则可以只对一个方案进行评判。系统安全决策可以分为确定型决策、不确定型决策和风险决策。

系统安全决策的要素包括决策单元、准则（指标）体系、决策结构和环境、决策规则等。

系统安全决策的步骤如下：

第一，发现问题。问题就是安全决策对象存在的矛盾，通常指应该或可能达到的状况同现实状况之间的差距，精准确定问题可以为合理确定目标打下良好的基础。发现问题是系统安全决策的起点，一切系统安全决策都是从问题开始的。

第二，明确目标和构造函数。目标的确定，直接决定了拟订的方案，并会影响方案的选择和系统安全决策后的方案实施。因此，系统安全决策确定的目标必须具体明确，既不能含糊不清，也不能抽象空洞，否则在方案的拟订和选择过程中就会无所适从。在一般情况下，确定的目标应符合的基本要求有：①目标必须是单一的；②必须有明确的目标标准，以便能检查目标实现的程度；③明确目标

的主客观约束条件；④在存在多个目标的情况下，应对各个目标进行具体分析，分清主次，把主要的列为目标，把次要的转化成约束条件。

第三，拟订方案与方案评估。系统安全决策的目标确定以后，就需要研究实现目标的途径和方法。制定备选方案是一项技术性很强的安全管理活动，无论是哪种备选方案，都必须建立在科学的基础上，并能够进行定量分析。方案评估就是对所拟订的各个备选方案从理论上进行综合分析后再加以对比，从而判断各个备选方案的优劣，以决定方案的取舍。

第四，实施与反馈。在实施决策方案的过程中应注意制订实施规划，落实实施机构、人员职责，并及时检查和反馈实施情况，使决策方案在实施过程中趋于完善并达到预期效果。

第四节　航空安全管理体系的原理、特征与构成

一、航空安全管理体系的原理

（一）系统原理

系统是无处不在的，我们可以把任何一个特定的管理活动都看成一个独立的系统。在现代科学管理中，系统原理的地位与作用尤为重要。系统具有普遍存在的特性，它既可以被自然和社会事件所应用，又可以存在于大小企事业单位的人际关系之中。

系统原理是现代管理科学中最基本、最重要的原理，是指人们在从事管理活动时，应该使用系统的观点、理论及方法对其进行分析，即需要从系统论的视角来看待和处理企业管理与经营中出现的各项问题，进而达到管理的目标。

组织的管理者要实现管理的持久性和有效性，就必须对管理环境及管理对象进行充分的系统分析，既要把握住管理的每一个要素的作用，又要把握住各个要素之间的联系，进而从组织的整体出发，把握系统的运行规律，提前做系统分析，并优化系统结构，从而对其进行管理。

系统原理包括动态相关性原则、整分合原则、反馈原则和封闭原则。

1.动态相关性原则

动态相关性原则是指企业管理系统的正常运转不仅会受到系统本身的限制，

还会受到其他相关系统的制约，并且随着时间和地点的变化而变化。

2.整分合原则

整分合原则就是将系统中的各个要素先从整体目标出发，对其进行全面了解，然后再对其进行明确的分工，最后再在分工的基础上建立协作机制，使各要素协调配合地运行。

3.反馈原则

反馈原则是指要对管理的结果进行及时、有效的反馈。

4.封闭原则

封闭原则是指企业系统各种管理机构之间，必须相互制约，进而构成一个封闭的回路，只有这样管理才能有效。

（二）预防原理

预防是安全管理的前提，因此预防原理常常作为另一个重要的原理而被管理者所重视。只有通过事先有效的管理方式和高超的技术手段，才能防止具有不安全行为的人及处于不安全状态的物出现，从而达到使事故的发生概率降到最低的效果。因此，预防的本质就是在事前采取措施，防止事故的发生。

预防原理的预防原则如下：

1.意外损失原则

为了防止事故的再次发生，要进行有效的预防。意外损失原则的核心理念是：安全管理实践工作必须注意各种事故，包括事故的风险，只有将事故风险控制在可承受的范围内才能有效预防事故的发生及损失的出现。

2.因果关系原则

因果关系原则主要指的是各种事物间的关系。事故的因果关系是事故发生的根本原因，合理掌握事故之间的因果关系将处于各种事故之间的链条切断，必然会消除事故。因果关系原则是在事故因果关系中确认必要性的原则，发现事故的规律性，将不安全状态转化为安全状态，在事故发生的早期就消除事故。

3.3E原则

3E，即通过工程技术（engineering）对策、教育（education）对策及法制（enforcement）对策来预防安全事故的发生。我们可以采取三种预防措施，即教育对策、技术对策和法律对策。教育对策是指对生产者提供各种培训，从而树立工作人员的安全意识，进一步掌握安全生产所需的基本知识及技能；技术对策是指对工程技术进行充分利用，从而消除各种设备及生产所存在的不安全因素，对工作环境进行优化，进一步健全预警机制，提升生产安全性；法律对策是指采取各种法律、制度措施来约束人们的行为，从而消除各种非法经营的现象。

4.本质安全原则

本质安全原则具体是指采取措施来提升生产设备及系统的安全程度，确保在人为操作失误的状态下也不会引起事故发生。本质安全理论的原则是：从一开始就从根本上实现安全，是安全管理意境的最高水平体现。

（三）人本原理

在管理中必须把人放在首要位置，体现以人为本，这就是人本理论。以人为本包括两层含义：①所有的管理活动都要以人本理论展开，人是管理的主体，也是管理的客体，离开人，就称不上管理；②在管理活动中，无论是管理对象的各个要素，还是管理系统中的诸环节，都需要人来掌管、推动及实施。所以，安全管理体系的建设应根据人的思想与行为规律，采取多种形式的激励手段，充分发挥人的主观积极性、创造性。人本理论的基本原则主要包括以下三大原则。

1.动力原则

人是推动管理活动的基本力量，管理必须具有激发人工作能力的动力，这就需要动力原则。运用动力原则要处理好个体动力与集体动力之间的辨证关系；正确处理持久动力和暂时动力的关系。这样管理才会产生预期的效果。

2.能级原则

高效的管理系统必须由若干个具有不同能级的层次有规律地组合而成，这就是所谓的能级原则。现代管理一致认为，单位与个人均具有一定能量，并可按能量大小进行顺序排列，形成管理能级。能级原则是管理系统使用人才、建立组织结构的原则。

3.激励原则

激励原则是运用科学手段来激发人的潜力，使其充分发挥积极性和创造力。在管理中的激励就是利用某种外部诱因的刺激调动人的主观积极性和创造力。要想充分运用激励原则，就要运用各种符合人的行为活动和心理活动规律的激励手段，因人而异，科学地采用多种激励方法与激励强度，最大限度上激发人的潜力。

二、航空安全管理体系的特征

（一）系统性

建立的航空安全管理体系需要按照之前设定的流程执行，而且能保证长期有效，整个过程拥有完善的标准和完整的实施流程。航空安全管理体系更强调过程而非结果，虽然我们也需要从各类事件的结果中找到安全风险控制方法，但是航空安全管理体系最关心的问题是危险源，危险源容易导致各类不安全事件发生，给航空带来风险。

（二）主动性

航空安全管理体系非常重视对整个活动过程实施监控，收集大量与危险有关的信息，分析这些信息并做出科学决策，从信息中把握危险源，航空安全管理体系非常重视预警工作，一般在事情还没有发生之前就提前采取行动，建立的决策跟个人意见无关。在发生危险事故之后调查危险事故发生的原因，发现可能有天气原因，也可能有人为原因。航空安全管理体系的主要工作就是从中找出最薄弱的环节，有效防范错误发生，将损失最小化。

（三）明晰性

航空安全管理体系会记录航空发生的一切安全管理活动，将这些安全管理活动汇总在数据库中。将其总结为经验的形式，供各类人员查询、阅览。通过分析航空安全管理体系的内容和设定，可以发现建立并完善风险管理体系不仅能够降低风险发生的概率，还能够提高整体的运行效率，对航空带来的好处是不言而喻的。

在航空安全管理工作中应该将风险预防放在第一位，排在第二位的是治理风险。因此，要想让我国航空安全管理工作走稳健发展之路，必须落实和完善航空安全管理体系。

三、航空安全管理体系的构成

航空安全管理体系的构成包括：安全政策、风险管理、安全保证和安全促进。

（一）安全政策

安全政策是支撑安全管理体系的核心。安全政策在安全管理体系构建中具有基础作用，既是航空管理者在安全管理方面的观念体现，也是掷地有声的安全承诺，主要内容包括安全政策、目标、组织架构及安全职责等。在安全管理中，安全政策是核心理念，更是实现安全管理的基础，而所有的管理体系都必须有明确的政策、程序、组织架构以实现其目标。

安全政策反映了管理者的安全管理理念及对安全的承诺，是建立安全管理体系的基础，并为建设积极的安全文化提供了清晰的导向。安全政策符合国家的相关规定，同时必须由最高管理者批准，并传达给全体员工。在制定安全政策的过程中，高层管理者应与影响安全相关领域的关键人员广泛协商，以确保员工与安全政策密切相关。

1.安全策划

安全策划是安全管理的一部分，致力于制定安全目标并具体规定必要的运行过程和相关资源以实现安全目标。管理者在制定本单位的安全目标时，安全目标应适合本单位的类型、规模和安全水平，且是可量化的。

2.组织机构及其职责

管理者应清晰地界定整个组织内的安全责任，包括高层管理者的安全直接责任。最高管理者是安全管理的第一责任人，也是建立、实施并保持安全管理体系的最终责任人，应计划、组织、指导、控制员工的活动，分配安全相关活动所需的资源，以确保安全控制的有效性，并对整个组织的安全管理体系进行定期的管理评审。安全总监作为建立、实施并保持有效的安全管理体系的负责人兼协调人，应独立于运行的组织和管理之外，直接向最高管理者汇报。

3.与法规和其他要求的符合性

法规和其他要求中的信息直接或间接影响管理者的安全管理体系，因此管理者应建立正式的信息获取渠道，及时掌握现行有效的法规和其他要求，识别和了解管理者的安全管理体系受到哪些相应法规和其他要求的影响，建立与安全相关法规和其他要求相符合的方法。

4.程序与控制

程序与控制是安全管理体系的两个关键属性，安全管理体系必须转化成程序才能落实，而且控制必须到位以保证关键步骤按设计完成。管理者应开发程序，将程序文件化，并保持程序落实安全政策、实现安全目标。而且，监察控制必须对程序的完成进行监管。

5.应急准备和响应

有效的应急响应方案可能会减轻事件和事故等不安全情况造成的后果，保证有序和有效地从正常过渡到紧急运行，并恢复至正常运行。为了确保应急响应方案在实际运行时有效性，应进行定期的训练和演练。进行演练还有助于验证方案的有效性，找出方案的不足，并进一步改进。

6.文件及记录管理

文件的价值在于沟通意图、统一行动。因此，应对文件的批准、评审与更新、标识、分发、作废等进行控制，确保文件的适宜性、充分性和有效性。运行及安全管理中会生成大量的记录，这些记录可以提供符合要求和安全管理过程体系有效运行的证据。

（二）风险管理

风险管理即进行风险管控并将其标准限制在可接受的范围内，在系统安全的前提下，这一管理内容才能实现。风险管理属于核心内容，在系统分析的基础上找到危险源，根据结果对其深入分析并进行评价，实现风险管控。

风险管理过程包括：系统和工作分析、危险源识别、风险分析和评价、原因分析及风险控制。

1.系统和工作分析

系统和工作分析只要详细到可用来进行危险源识别和风险分析即可。

2.危险源识别

系统及其运行环境中存在的危险源必须被识别、记录和控制。确定危险源的分析过程应考虑系统的组成部分。危险源应包括：①航图中有些标注离所标注的点距离较远；②驾驶员持有现行有效的体检合格证，但执行飞行前其心理或生理状态较差；③航行情报发放现场的资料管理混乱；④装卸工缺乏危险品装卸知识；⑤机务维修人员遗忘工具；⑥搬运工装卸时装错舱位；⑦车辆在机坪超速行驶。

3.风险分析和评价

风险分析和评价是采用传统的方法将风险分解为风险出现的可能性和该风险的严重性。风险分析常用的工具是风险矩阵，建立一个最能体现其运行环境的矩阵，也可以为短期运行和长期运行分别建立具有不同风险接受标准的矩阵。

矩阵的定义和最终结构将由管理者自行设计，每个风险严重性和发生可能性等级的界定应以适用于具体运行环境的方式来确定，以保证每个管理者的决策工具与其运行环境相关联。各管理者对风险严重性和发生可能性等级的界定可以是定性的，但在可能的情况下，应尽量定量。

4.原因分析

原因分析不仅应注重对风险严重性和发生可能性等级的界定，还应明确为何确定这些等级，这也就是通常所说的"根原因分析"，这是制定有效控制措施，将风险降至更低等级的第一步。

5.风险控制

在完成以上步骤并充分了解危险源和风险后，应进行风险控制措施的设计与实施。风险控制措施可以是增加或改变程序，增加新的监督控制措施，增加组织及软硬件的辅助，改进培训方式，增加或改装设备，调整人员。

选择和设计控制措施的过程，应以结构化的方式进行，系统安全技术和实践提供了根据控制措施的有效性由高到低分级的方式。根据被彻查的危险源及其严重程度，可采用的控制措施或策略可能不止一个。而且，根据必要措施的迫切性及制定更有效措施的复杂性，可以在不同的时间实施这些控制措施。控制措施的分级包括：①从设计上消除危险源——修改系统（其中包括有危险源存在的硬件、软件系统和组织系统）；②物理防护或屏障——减少在危险源中的暴露或降低后果的严重性；③关于危险源的告警、通告或提示；④为避开危险源或降低相关风险的可能性或严重性而做的程序修改；⑤为避开危险源或降低相关风险的可能性而进行的培训。

即使采用了有效的控制措施，完全消除风险也几乎是不可能的。在这些控制措施设计完成后，系统投入使用前，必须评估控制措施是否有效，以及是否会给系统带来新危险源。

（三）安全保证

安全保证即以安全监管过程为对象，进行全面分析与评判，主要内容包括安全监管、系统评价、安全信息监管、主动报告、信息反馈及内部考核等。围绕实施风险控制手段进行持续评价并针对有效性进行评判，亦能达到对新风险的识别和管控。在安全保证的基础上，应对风险的方式得到提升，借助线下功能可实现评估持续性，并对安全水平加以完善。

1.用于决策的信息

安全保证可利用的信息源较广泛，包括日常活动过程的持续监控、审核和评估，安全相关事件的调查，以及来自员工安全报告和反馈系统的信息。由于各种信息源在各管理者中的存在形式有所不同，因此应标明不同信息的获取来源。这些信息源属于功能性要求，允许个别组织依据自身规模和类型进行调整。

2.持续监控

管理者应对数据进行持续监控。持续监控还可以提供识别危险源，证实已采取的风险控制措施的有效性和持续评估系统绩效的方法。监控运行的信息应来自记录器、值班日志、机组报告、工作卡和处理表单等。

3.生产运行部门内部审核

安全管理的主要责任落实在负责运营技术过程的人员身上，通过直接监管控制措施及资源分配能将风险降至可接受的水平。内部审核可以为生产运行部门提供有计划的、有条理的评审和查证，其周期一般不应超过一年；当识别出不利趋势时，应及时增加专项审核。

（1）管理者的责任。生产运行部门的管理者对质量控制和确保其职责范围内的过程与设计一致直接负责。而且，生产运行部门拥有大量技术专家，他们对自己的技术过程最了解。因此，管理者应通过内部审核和评估大纲赋予生产运行部门的经理监控这些过程、定期评价风险控制措施状况的职责。

（2）审核工具。为促进体系的一体化，减少不必要的重复，管理者可考虑使用相应的技术系统的审核工具，例如监察工具。

4.内部评估

内部评估必须包含对管理者技术过程和安全管理体系特定功能的评估。为此目的实施的审核，必须由功能上独立于被评估技术过程的个人或组织进行。通常，内部评估可以由安全部门或最高管理者领导的其他下属机构来完成。对生产运行部门技术过程的评估，建立在生产运行部门内部审核的基础上，除对生产运行部门内部审核大纲进行评估外，还应对其内部审核过程和结果进行评估和分析。内部评估需要审核和评估安全管理功能（政策制定、风险管理、安全保证及安全促进）。

5.外部审核

当有外部审核时，其审核结果也应作为信息输入并进行分析、评价。对安全管理体系的外部审核可以由独立的第三者来进行。相对于管理者的内部审核，这些审核可以提供第二层安全保证系统。

6.调查

调查是一个以预防事故为目的的过程，调查的结果也应作为信息输入并进行分析、评价。调查应从关注找出"责任人"转向鼓励相关人员进行合作，找出系统和组织中的缺陷。

7.员工安全报告和反馈系统

员工安全报告和反馈系统是获取信息的主要渠道之一，该系统不应只限于报告不安全事件，更应该注意报告安全相关问题，它还可帮助管理者识别运行中的危险源。

员工对报告系统的信任是保证所报告数据的质量、精确度和实用性的基础。这种信任建立起来需要较长的时间，一旦遭到破坏就可能长期损害系统的有效性。想要建立必要的信任，管理者就应在安全政策中鼓励员工报告，表明其对公开和自由地报告安全问题的态度，并明确说明可予接受或不可接受的工作表现，包括减免惩罚的条件。

8.分析和评价

只有将信息整理成有意义的文件并得出结论，持续监控、审核、评估、调查才能对管理起到作用。安全保证过程的首要目的是对风险控制措施的持续有效性进行评价。

9.纠正措施

安全保证过程应包括能保证对在审核和评估中发现的问题制定纠正措施，并校验该纠正措施是否及时有效执行的程序。制定和实施纠正措施的职责应由被审核和评估证实存在问题的运行部门承担。如果发现新的危险源，应使用风险管理过程判断是否需要制定新的风险控制措施。

10.监测环境

作为安全保证功能的一部分，分析和评估功能应提醒组织注意运行环境的重大变化，保持有效的风险控制所需的系统改变需求，并根据评价结果启动安全风险管理过程。

11.管理评审

最高管理者应按规定的时间间隔对风险管理的输出、安全保证的输出及安全经验教训进行管理评审，评价是否需要改进运行过程和安全管理体系。管理评审的周期通常不应超过一年。

（四）安全促进

生产单位必须用支持良好安全文化的活动将安全作为核心价值。安全促进的实现需要借助多方协作，包括安全文化、培育和构建员工档案等内容，在此基础上增加员工的工作热情，并就安全努力方向形成统一意见，由此推进航空运营人安全工作的有效开展，使安全水平得到保障。

1.安全文化

安全文化包括心理的（人们是如何思考、感受的）、行为的（人们或群体是如何行动、实施的）及结构的（大纲、程序和组织机构）元素。尽管在安全管理体系的政策、风险管理中详细规定的许多过程为结构元素提供了框架，但管理者仍必须建立能让员工间及员工与管理层间进行沟通的渠道，尽全力就其目的、目标及组织的行动和重大事件的现状进行沟通。同样，管理者应在开放的环境中提供自上而下的沟通手段。

2.沟通

系统安全理论强调"沟通文化"的重要性，组织必须尽全力培养员工为组织的知识库做贡献的意愿；系统安全理论强调"工作文化"的必要性，当员工有信心对自己的行为负责任时，组织会公平对待他们。

管理者应保证所有人完全了解安全管理体系，传达重要的安全信息，对为什么采取特殊的安全行动、为什么采取安全程序及相关修改做出解释。

3.培训

管理者应制定并保持安全培训大纲，保证人员得到相应的培训并能有效履行安全管理体系规定的职责。

4.组织学习

组织安全文化的特征是基于学习的文化。如果不加以学习，就无法从报告、调查及其他数据中提取有价值的信息加以借鉴。组织学习与安全保证过程密切相关，学习的过程同时还是一个分析、预防和制定纠正措施的过程，尤其是当环境变化或出现新的危险源时，应具有针对新危险源控制措施的渠道。

第四章　航空安全管理优化与监管体系建立

航空安全管理优化不仅可以提高人们出行的安全性，也可以提升社会稳定性，我国要充分利用航空安全管理监管体系，使航空安全管理工作获得显著的提升。本章对中国航空安全管理优化对策、航空安全管理体系的优化方案、航空公司安全管理体系优化案例、航空安全监管体系实施与建设进行论述。

第一节　中国航空安全管理优化对策

一、完善航空安全法规和标准

为了实现立法意见常态化的管理，落实规章建设与时俱进的要求，中国航空需要征集行业内部意见，启动相关法律法规的立法工作。推进重点领域突破，实施同行法规体系重构，把具体任务纳入年度立法计划和五年立法规划。按照"统一登记、统一编号、统一印发"的原则，开展行政规范性文件合法性审核，切实维护规章体系的严肃性和一致性。

完善的基础管理是建立安全管理体系的基础。我国航空需要不断加强安全体系的法规建设，不停修订安全法规和标准，保证新颁布的法规和标准不低于国际民用航空组织颁布的标准，加快安全法规和标准与国际接轨的步伐。

二、加强风险源头的管控

（一）加强危险源识别

每起不安全事件都存在许多潜在的不安全因素，而且我们不能忽视小概率危险事件。因此，管理者应当充分查找和挖掘公司运行过程中现存或潜在的、可能对实现系统安全目标产生影响的危险状态，明确这些状态的特征及关联，并按照所属系统、动因等属性进行分类，最好能够建立一个危险源信息库，并不断更新信息库，为开展风险分析、风险评价及风险控制工作奠定基础。

管理者应考虑系统的组成部分，在对系统及其运行的分析中，当识别出的某个危险源已经细致到足以制定有效控制措施的程度，就可以停止对其进行下一步分析。危险源之间存在较强的关联性，如果不能有效控制，就无法进行风险管理。

（二）严格管控运行的风险

管理者在制定风险控制措施时，必须明确风险控制措施的目标，即针对特定危险源实施的风险控制措施，在特定的时间和条件下需要实现这个目标，因此目标必须明确。了解风险控制措施中的风险管理与安全保证的关系，按照权责统一的原则，清楚界定有关部门、业务单位和岗位在这些控制措施中的责任，以确保这些措施能有效实施。

在制定风险控制措施时，需要考虑可能的突发事件，考虑所有涉及的过程，以确保过程无缝衔接，即厘清工作流程所涉及的风险控制措施。风险控制的实施必须以确保风险控制措施的目标与所需资源最佳匹配的原则为基础。在制定风险控制措施时，应采取有效措施避免或尽量减少衍生危险的发生。

（三）发挥安全管理系统的效能

中国航空管理者应发挥安全管理系统的效能，加快修订相关法规和标准，扎实推进设计和生产机构安全管理体系建设。有关部门应重点审核航空公司安全管理体系，确保其安全管理能力有所提升。

实现风险管控和隐患治理双重机制与安全管理体系的有机结合，减少重复性工作，提升安全管理效能。研究制定行业安全绩效指标体系，强化绩效监测和大数据分析对安全决策的支撑作用，推动安全绩效管理发挥实效。

三、完善航空安全监督管理模式

（一）创新安全监管模式

不安全的监督必然会导致不安全事件的发生，监管方式需与时俱进。因此，我国航空监察部门应发挥互联网的作用，克服传统安全监管模式的思维局限性，深化行业监管模式改革，按监管对象和事项的不同，科学地分析和抽取监管样本，精准选用监管手段，合理调配监管资源，提升监管效能。

对问题单位实施差异化监管，采取航空安全管理审核等方式，深化企业法定自查，强化自律，进一步落实企业主体责任。扎实推进行业监管执法信息系统及机场安全管理体系运行，推动各安全管理体系的数据互通和资源整合，进一步规范执法行为，统一履职标准，约束裁量程度。充分发挥行业协会和社会团体的作用，加大监督和支持力度。

（二）统一监管标准

有效的沟通可以统一监管标准，切实发挥航空组织的作用，推行安全生产巡查制度，结合安全考核和绩效评价，督促航空各级行政机关履职尽责。加强对企事业单位管理人员法律意识和安全责任意识，树立法治思维，建设积极的安全文化。通过相应的激励机制，督促员工提高工作效率，积极参加培训提升专业技能，为航空安全打下基础。

建立信用档案，完善守信激励机制和失信惩戒机制，严肃查处突破诚信红线、瞒报安全信息、破坏调查证据等违法违规行为。推进跨行业的安全责任监督联动机制建设，探索与地方政府建立绩效考核联合评价机制，通过多种手段传播安全知识。

四、加强航空安全内部建设

（一）加强队伍作风与能力建设

保证航班安全平稳地运行离不开各环节的从业人员，因此持续抓好飞行、机务、空管、运控、客舱、安保等安全从业人员的作风教育，从养成教育和初始培训抓起，紧盯重点人，不断完善队伍作风和人员资质管理长效机制。指导管理者合理利用飞行数据采集等技术手段，深化飞行作风建设。

加强飞行基本技能的训练管理，规范模拟机训练、本场训练及考试标准。完善机长、教员的培养机制和退出机制，实行基于综合能力的终身副驾驶聘任制度，建设健全委任代表责任追究制度。加强外籍飞行员管理，对公司资质要求、人员引进数量、安全文化融合、训练考核标准等做出更为明确的规定。加强签派队伍能力建设，完善签派员训练管理办法。

（二）完善管理者内部考核制度

航空安全管理的主要责任来源是一线工作人员，一线工作人员的技术操作失误是危险源的直接来源之一，因此管理者应该有一个健全的内部考核制度。内部考核制度可为生产经营部门提供有计划、有系统综述的考核。

当发现会对系统产生不利趋势时，有关部门应及时展开专项检查。这项专项检查必须包括对操作人员的技术程序和安全管理系统具体功能的评估。在通常情况下，内部评估制度可以由安全部门或其他下属组织完成，由最高管理层领导。对生产经营部门技术工艺流程的评价，可以基于生产经营部门的内部评价，除了对生产经营部门的内部评价大纲进行评价外，还应对内部评价过程和结果进行评价和分析。

（三）建立员工安全报告与反馈系统

员工安全报告和反馈是主要的信息来源之一。系统需要报告不安全事件及与安全相关的一切问题，越全面越好，它还可以帮助操作人员识别操作过程中的危险。

员工对报告系统的信任是保证所报告数据的质量、精确度和实质性的基础，这种信任的建立需要较长的时间，并且一旦这种信任遭到破坏就可能长期损害该系统的有效性。我国航空业实行的航空安全信息报告体系，由于体制、理念、设备等方面的局限，还是以找出事件导火索的形式为主，与国际上顺利运行的员工自愿报告系统差距很大，该系统以保密、宽容、包容为核心。如今，我国航空安全管理理念需要大转变、大提升，建立保密的员工自愿报告系统已经成为共识，我国航空安全管理机构的这一倡导需要每一个工作人员的积极响应，并形成互动。

第二节　航空安全管理体系的优化方案

优化航空安全管理体系，就是要紧贴实际情况，对航空安全管理中的缺项进行补充，对航空安全管理中的弱项进行强化。为航空安全管理的有序、健康、可持续发展奠定坚实的基础，使航空安全管理水平更上一层楼。

一、航空安全管理体系的优化目标

（一）实现信息化、网络化

减少对纸质文件的依赖，使广大飞行员能够很方便、及时地通过网络学习航空安全相关知识和获取相关安全信息。

（二）实现信息发布的精准化

根据各级各类人员的职责范围和责任分工，定期或实时推送与其相关的信息。

（三）提升单位的安全水平

具体表现为全体人员的航空安全意识增强，人为差错率降低，杜绝重大人为差错。

二、航空安全管理体系的优化原则

（一）前瞻性

整个体系的优化要紧扣装备、训练的发展现状，并考虑其发展趋势，充分借鉴吸收世界航空界航空安全管理的最新成果。坚持实事求是、与时俱进，在继承中发展，以最新的理论指导最新的实践。

（二）紧贴单位实际

只有紧贴单位实际，方案的可行性才会有所保证；只有紧贴单位实际，方案中的理念、措施、办法才能为飞行员所接受并发挥应有的作用。航空安全管理体系的优化具有一定的前瞻性和引领性，必然要求在思想观念、规章制度、工作流程等方面有所改变，当这些与单位实际情况相左时，需要我们做出积极的改变；同时，这种改变又是通过努力就能够达成的，而非高高在上、遥不可及的。

（三）紧贴训练实际

安全教育、安全整顿等要紧贴训练实际，防止为了教育而教育，为了整顿而整顿。同样，在进行航空安全管理体系优化时，也要坚持紧贴训练实际的原则，坚持"航空安全管理为飞行训练服务"的理念，坚持飞行训练的中心工作地位，使整个航空安全管理融入飞行训练的各个环节。

（四）保密原则

保密就是保生命，在对航空安全管理体系进行信息化、网络化优化时必须考虑保密的问题。对相关信息进行密级分类，对登录人员进行账号、密码管理，根据其身份设置相应的权限。使优化后的体系既能达成便捷、高效的目的，又符合保密的要求。

三、航空安全管理体系的优化内容

（一）建立健全安全政策

1.建立科学、进取的航空安全观

（1）确定航空安全是能够实现的理念，牢固树立航空安全是可为的理念。只有这个理念树立起来，才能在根本上增强广大飞行员的内在责任感、使命感。

（2）坚持训练安全的理念。联系到具体实际，就是坚持以飞行教学训练为中心，聚力于提高训练质量，提升人员能力，在提高训练质量的同时，达到较高水平的训练安全的状态。

（3）坚持系统安全的理念。在飞行训练实践活动中，我们要坚持系统安全的理念，这不仅体现在分析事故（问题）原因时多了几个选项，更体现在综合考虑诸多因素的共同作用，并评估各因素在导致事故（问题）中的所占比重；不仅需要在事后利用系统安全的理念来分析问题，更应在事前用系统安全的理念来预测风险大小并提供安全预警。

2.做出明确的安全管理承诺

安全承诺的制定应注意以下两点。

（1）强调正确的安全价值观。安全价值观是安全承诺的核心，正确的安全价值观的作用在于赋予安全承诺引领安全工作的能力。正确的安全价值观需要不断精练，最终通过精练的语言表现出来。这种观念能代表所有飞行员对待安全工作的标准和原则。

（2）具体明确的安全承诺内容。安全承诺作为安全文化的基本内涵，要求它本身必须存在具体的内容、明确的核心。具体明确的安全承诺内容具有更强的感染力和号召力，容易激发飞行员内心的情感。

安全承诺既包括领导者、管理者的承诺，也包括广大基层飞行员的承诺。而以领导者、管理者的承诺最为关键。领导者、管理者明确的安全承诺具有"徙木立信"的功能，在安全管理领域能够很好地起到凝聚人心、取信于广大飞行员的作用。同时，这种安全承诺也是对领导者、管理者自身行为的一种约束，有助于其树立正确的工作导向。

安全承诺不仅有利于其认真履行自身职责，还有利于体现组织对其价值的认同，增强其归属感和职业自豪感。具体明确的安全承诺内容在管理者和被管理者之间能够起到消弭抵触、化解矛盾、增强信任、促进和谐的作用，是联系二者的坚韧纽带。

安全承诺的制定很重要，其宣传也不容忽视，在宣传安全承诺时要尽量以飞行员乐于接受的方式，否则就有可能引起飞行员的反感，导致飞行员虽然对安全承诺了然于胸，但不能引起飞行员的共鸣，这样也容易背离安全承诺的初衷。另外，管理者必须身体力行地践行安全承诺，做出表率，上行下效，飞行员才会接受安全承诺的要求，将安全承诺深化于心。

（二）优化风险管理措施

风险管理是安全管理体系的核心功能之一，它通过系统的运行过程来实现有效的风险管理，体现了安全管理的主动性，即强调在发生不安全事件并对飞行安全产生不利影响之前，就通过危险源识别和风险控制措施来实施预防的安全管理方法。

1.优化航空安全免责报告制度

重新设计航空安全免责报告单，并对免责报告的流程进行信息化升级，以达到航空安全信息准确、全面、高效、共享、闭环的目的。

（1）优化航空安全信息报告单的内容设计。完善报告单的内容，将报告单的条目设计成可以勾选的选项，便于飞行、保障人员填写，也便于软件自动进行统计和分析，减轻了人员的工作量，提高了效率。

（2）进行信息化升级。在航空安全管理网站上增加免责报告的链接，报告人可以直接在网页上填写。网站的基本功能包括填写航空安全信息报告单、查询近期上交的航空安全信息报告单、发布近期安全形势和预警信息、查询上级下发的航空安全信息和相关规定等。推进构建统一的安全信息平台，实现本单位和外部单位的安全信息共享。

（3）完善免责报告的处理。航空安全免责报告是安全信息的一个重要组成部分，有效的免责报告是安全管理的基石。获取的这些信息能够更好地广开言路，及时分析和判断组训中需要解决的安全问题。在对免责报告的处理过程中，关键要保证"免责"，通过真正的"免责"取信于广大飞行员；重点要抓好"反馈"和"利用"这两点，通过对报告内容的及时反馈和对相关信息的充分利用，使参与航空安全管理体系的每个人都感到被重视、被尊重，体会到自己为团队做的贡献，体会到自身的价值。

2.着力提高人员安全能力

人员安全能力的差距是影响航空安全的重要的因素之一。着力提高人员安全能力主要从两个方面入手：①加强航空安全管理专业人才的培训；②建立多渠道的教官能力提升机制。

3.全方位培养学员能力

飞行员是一种特殊的职业，不但要求飞行员有健康的身体条件、良好的心理素质，也要求其具有高超的专业能力，这就包括过硬的技术、全面的知识、丰富的经验、强健的体魄、严格的规则意识等，这对于飞行员能否保证航空安全具有重要的意义。

（三）完善航空安全信息管理

在航空安全管理体系网站上建立专门的航空安全信息区。航空安全面前人人平等，为了解决安全信息共享率低的问题，应当将航空安全管理进行网络化改造。各个飞行单位、保障单位应安排专人负责，梳理并上传各类安全信息。在网站上建立学习区、留言区，便于教官和学员有针对性地学习上级下发的文件或事故案例，便于交流对于航空安全的认知和安全方面的心得。另外，网站应具备检索功能和消息提示功能，提示未被传达到的个人及时学习、补课。

1.建立本机型的安全警示录

建立本机型的安全警示录对于本单位的飞行训练有深刻的指导意义。机关应当将本单位、同机型单位发生的典型问题、事故征候、事故全部录入，定期更新，形成纸质文件下发到飞行员手中。保证航空安全信息在纵向上不会断档遗漏。

2.建立有效的信息处理机制

对安全免责报告的处理要形成闭环，提高安全信息的实效性。对信息内容进行整理，对收集和上报的信息进行梳理检查，并初步检查信息的完整性。对整理好的信息，按照航空安全管理程序审查，确保信息真实、准确、有效，同时删除虚假信息。之后进行统计和分析，负责安全管理的人员通过信息分析后，要将分析的结果反馈给相关责任单位和信息报告人，并责成其制定纠正措施并落实，根据反馈的结果和措施落实的情况来评定信息处理的结果。通过跟踪信息分析、反馈、处理、措施落实等环节，建立有效的信息反馈机制，实现安全信息处理的闭环控制，提高安全信息的实效性。

3.推进航空安全管理智能化

为了更加及时有效地处理航空安全信息，应当推进航空安全管理系统智能化、自动化。完善航空安全管理是有效提升安全管理提升的方式，安全信息和经验的充分利用、挖掘有利于提高运行人员安全意识，改进安全管理过程，有效加强安全风险防控，促进安全管理、安全能力的不断增强，促进持续安全。加大人力和财力的投入，充分利用信息化、网络化技术，提升信息收集、分析、处理、发布的能力和速度，可以更好地做好危险源的监控，及时查找缺陷和隐患。

四、航空安全管理体系的优化方法

（一）构建适宜的安全管理制度

构建适宜的安全管理制度，使其真正起到激励飞行员、推动安全管理体系有效运行的作用是目前十分紧迫的问题。

适宜的安全管理制度旨在激励广大飞行员参与到安全管理中来，通过奖励先进、鞭策后进来树立正确的安全导向，以奖励为主、惩罚为辅。具体的措施要符合相关法规制度的要求。在安全管理制度目标的确定中要注意遵守"SMART"原则，即具体（specific）、可衡量（measurable）、可实现（achievable）、相关（relevant）、有时限（time-based)。

在绩效管理的评判机制中，建立符合各基层单位的安全绩效指标，指标确定出的定性或定量的数据应以简明易懂为原则，同时要反映出各单位的特点。在奖惩方面应实行精神奖励和物质奖励相结合的方法，注重激发飞行员的工作积极性，可以充分发挥单位特色、利用现有资源，探索新颖的奖励办法，力求提高飞行员的职业自豪感，增强其工作责任心。绩效管理制度的构建是航空安全管理体系高效运行的有力保障，在构建过程中要格外谨慎，防止出现制度与实际无法契合的现象。

（二）建立完善标准化程序

1.完善标准化程序建设

飞行训练单位为完善标准化程序应当针对跨昼夜飞行、不同课目同场飞行、不同机型同场飞行等实际情况做好预设，发动教官、学员推敲程序的合理性，确保当日操作程序符合训练实际、满足效益要求。

标准化程序并不是一成不变的，有时考虑到全场的飞机调配和计划执行，指挥员可能直接指挥飞行员改变飞行程序，但要注意避免产生误解，导致因管制原因造成危险接近。

2.多措并举提高执行力度

标准化评估组应当广开言路，飞行日结束后和飞行教官沟通，积极收集学员的训练情况，并通过查阅飞行和视频记录检查是否存在违规操作。建立有效的反馈机制，飞行教官或标准化评估组发现违规或倾向性问题后应当立即指出并责令改正，并向其他飞行员分享经验教训。加强教育引导，切实提高对标准化程序的重视程度，通过安全教育和案例分析，使参训人员切实认识到每一条飞行规则都是通过血的教训换来的，切实提高飞行员落实标准化程序的主观能动性。

五、航空安全管理体系的优化保障

（一）加强舆论宣传保障

舆论宣传将飞行员的意志力发挥到了极致。在新时代的背景下，我们依然不可忽视舆论宣传的力量，在构建完善航空安全管理体系的过程中，有效的舆论宣传更是理顺飞行员思想、凝聚人心的有效手段，对于调动广大飞行员参与热情，推进航空安全管理体系的顺利运行有着至关重要的作用。围绕航空安全管理体系完善工作，从多方面开展有效的舆论宣传工作，必须提上议事日程，突出其重要作用，着力打造坚实的舆论后盾。

1.发挥领导作用

航空安全管理体系的完善是机关部门主导负责的具体工作，其发展优化需要机关领导的强力支持，因此来自机关领导的指示将会起到举旗定向的巨大作用，进而推动航空安全管理体系的完善运行，发挥出巨大的安全管理正能量，加速实现航空安全管理体系正规化。

2.夯实群众基础

群众基础是高效完成任务的前提，不论何种工作，归根结底都需要飞行员去完成，其工作质量和标准也就完全掌握在飞行员的手中，因此能否全面激发飞行员的工作热情，进而使其充分发挥个人才智，积极投入工作中，是能否高效益、高标准完成任务的前提。

夯实群众基础就是让飞行员切实认识到航空安全管理体系的先进之处。只有飞行员切实看到航空安全管理体系的先进之处，才能真正接受它，从而自觉地融入体系中。针对这种情况，一方面，要做好前期宣传工作，将飞行管理体系的先进性给飞行员讲清楚，可以结合先进经验和成功案例，让飞行员对航空安全管理体系的作用给予认可，从自身改变观念；另一方面，上级要对航空安全管理体系的运行实施有效的监督，用外力将航空安全管理体系融入飞行员的工作。随着体系运行时间的增长，飞行员自然会适应该体系下的工作。这样内外兼施就能避免体系运行流于形式，为其夯实群众基础。

（二）加强科技支撑

依靠网络科技构建的不安全事件共享平台，使每名飞行员都可以及时且细致地将不安全事件分享给他人，建立网上资料馆，便于资料存贮整理的同时也方便上级机关的检查，而且由于创建网络资料的时间不可更改，资料的真实性与准确性也会得到很大改善。将飞行安全管理与科技结合能够产生很多令人眼前一亮的效果，关于如何将二者融合是需要我们深入思考的问题。

1.信息技术支撑

良好的网络化管理运行机制是确保航空安全管理体系高效运行、有条不紊的前提。打造安全信息共享平台，为航空安全信息的高效利用提供便利条件。安全信息共享平台的构建应突出覆盖范围广、信息存储类别清晰、信息推送及时的特点，平台应保证每名参训飞行员都能够不受限制地上报和查询信息，确保安全信息能够在第一时间被全体飞行员知悉，提高信息共享的效率。

2.开发公共平台软件

软件的作用主要是便于航空安全管理监察部门对其他各部门发布安全管理预警信息，具备业务能力考核及资料建设功能，便于对各部门进行监督，便于各部门及个人之间进行交流。在软件的开发上，由航空安全管理部门设置管理指挥中心，负责统筹安排基层单位的工作，并承担对各单位的考核评价任务。航空安全管理体系是在不断完善、不断发展的，所以软件及平台也要注意及时更新内容，防止出现网络平台与现实工作脱节的情况。

3.移动终端支撑

网络设备移动终端是航空安全管理系统网络化运行的物质基础，决定了其管理效能高质量发挥。移动终端的根本目的是为飞行员的工作提供便利，移动终端设备在实现和网络互联互通的基础上还要注意设备的更新换代，避免由于设备问题导致训练工作的脱节。

（三）加强资金供给保障

1.有力的财政资金支持

有力的财政资金支持是航空安全管理体系快速完善，高质量、高效率运行的基本要求。飞行安全系统的构建及完善需要大量的资金支持，包括对专业管理人员的培训，以及网络平台的打造和移动终端设备的购置。充足的资金能切实补足人员专业化程度低、网络信息化支撑力度不够等短板，为航空安全管理体系的构建与完善注入强劲动力。设立专项航空安全管理保障资金用于统筹系统中的资金使用，简化资金申报使用的流程，从而确保航空安全管理体系的流畅运行。

飞行安全管理体系的完善和维护需要专业管理人员和软硬件设备的支持，因此人员培训资金和软硬件设备购置更新构成了资金的主要组成部分。人员的培训是一个长期并且反复进行的工作，新人需要进行系统培训，已培训人员也要定期对专业技能、行政能力等进行系统培训和复训，以此不断提高其综合素养，保证其能适应复杂多变的安全体系。

在注重人员培训投资的同时也要加大软硬件的投资力度，航空安全管理体系中软硬件的现代化程度是实现体系高速、高效运行的重中之重，它决定了管理效能发挥的绝对上限，在当前网络化、信息化、智能化技术席卷全球之际，能否紧跟时代步伐，抓住科技进步的历史机遇，关系着航空安全管理能否提高管理效率，激发新活力。在航空安全管理体系的构建过程中还有其他类型的开支，如飞行安全文化的建设、日常维护开支等。能否统筹好飞行安全专项资金，将钱用在刀刃上将在很大程度上决定安全体系的构建质量。

2.绩效管理中的资金保障

航空安全管理体系的运行过程中需要每名飞行员恪尽职守，发挥自身工作岗位上的作用。针对这种现象，最好的办法就是通过定期个人工作绩效评比来刺激飞行员的神经。对个人的工作绩效管理要突出"奖励先进，批评后进"的奖惩机制，对于先进个人的奖励，在重视精神奖励的同时，也不能忽视物质奖励的重要作用，精神奖励可以让飞行员认识自身的价值，物质奖励则可以让飞行员得到真切的利益，有利于飞行员提高其积极性。

在航空安全管理专项资金中预留出用于奖励先进飞行员的资金，奖励物资的选购可以适当听取飞行员意见，力求在奖励资金范围内最大限度地提高飞行员的获得感。通过奖励机制充分提高飞行员的工作积极性，克服懈怠思想的负面影响是保障航空安全管理体系稳定高效运行的必要手段。

第三节　航空公司安全管理体系优化案例

一、东方航空公司安全管理体系优化案例

以东方航空公司为例，解读航空公司安全管理体系优化对策。作为我国三大民用航空公司之一的东方航空公司（以下简称"东航"）于1995年4月成立，并且在1997年就已经在证券市场上市，为我国的航空事业贡献了不少的力量。

（一）东方航空公司安全管理体系成效

东方航空公司是我国早期对于航空安全管理体系进行研究并落实的航空企业，从2010年开始，东航就一直坚持完善航空安全管理体系，并且已经形成了一套属于自己的完整体系，并以此形成了东航安全管理的特色。

1.安全政策的内容

东航在安全政策方面的内容包括安全方针、安全目标、安全政策、安全承诺四个方面。

（1）安全方针。东航的安全方针主要为保障安全、规避风险、综合管理、长期履行。

（2）安全目标。东航下属的委员会根据东航的安全政策、中国民用航空局下达的安全评定结果，指导东航的安全管理体系的建立，并改善其工作模式。

（3）安全政策。东航用安全方针来指导自身的日常运营，并制定了一系列安全政策。为了完善安全管理体系，以提高安全管理体系的效率，加强教育和培训工作，提高整体质量，以及管理人员的专业素质，有效减少了航空工作的安全问题。

（4）安全承诺。为有效贯彻、落实公司的运行安全方针和安全政策，东方航空公司承诺实施安全管理体系，参与引进安全概念，积极收集和分析数据，进行风险评估并控制潜在的安全风险，承诺继续关注安全目标，并建立一个符合法律法规的体制。

2.风险管理的成效

东方航空公司根据现有的政策方针控制风险，并对风险进行分析记录，重视风险控制措施的落实及其有效性评估的过程。实施风险管理的意义是使企业能更

好地实施安全管理机制，并极大地降低企业可能出现的风险。

公司建立了一系列管理和分析活动，及时分析目前尚存的问题，对航空活动中的危险因素进行识别。现在，东方航空公司主要使用风险矩阵法来分析危险源的风险。风险矩阵法是一种结构性的方法，是用来分析这种危险的方法，对潜在风险进行分析，指出危险的风险因素，从多角度对危险源进行分析。这种方法确定了风险概率和严重程度，确立优先级，并分析调查风险等级，在一般情况下，标记的位置被称为风险指数，而风险在矩阵上的位置反映了危险源的风险值。确定风险指数是为了评估风险大小。

东方航空公司风险矩阵的各区域代表了不同部门对于危险源把控过程中所具有的权限与义务，根据图表反馈，企业设立了专门的监察部门并进行有组织、有计划的控制活动来减少危险源。

根据企业发展战略过程中的风险，及时采取规避措施，主要方法是在企业运营过程中进行最低限度的风险控制，尽可能多地减少风险，以确保安全控制在公司内部能够得到很好的实施。

3.安全保证与促进的成效

（1）安全保证的成效。东航收集数据的途径较为丰富，构建合理有效的信息报告，总结分析已经掌握的安全信息，搭建企业数据库，并给企业提供大数据支撑；及时对各类信息进行整理分类；对所收集信息的安全性保持持续跟踪，并给出评测结果，辨别危险源，实施闭环风险管理。

（2）安全促进的成效。东航通过安全培训，继续改进其管理手段，通过活动来提升所有员工的责任意识，并增强企业各部门的安全意识。

（二）东方航空公司安全管理体系的优化原则

1.系统性

进行安全管理体系建设的目的是全面减少公司的安全管理事故，使公司能够获得更多的利益。安全对东航运行非常重要，而安全工作的落实还需要各个部门的有效配合，在对这些安全方案进行改进的时候，必须全方位考虑所有的因素，才能让这些安全对策发挥作用。

2.先进性

当前信息高速发展，给居民的生活带来了巨大变化，东航可以使用大数据技术，开发一个完善、有效的信息系统，用来管控公司运行中产生的风险，这样在进行各类风险决策的时候也能够更加科学。

3.过程和结果

在建立健全安全管理工作的时候要将总体目标放在第一位，在改建过程中不断优化目标，才能够推动安全管理目标得以实现。

（三）东方航空公司安全管理体系的优化对策

东方航空公司安全管理体系相对来说较为独立，与公司的资源和运行衔接不够紧密。公司的安全管理体系应考虑运行文件在运行时的主导作用，投入大量安全资源管控安全事件。而且东航必须将安全管理体系跟公司整个系统相融合，这样才能够切实发挥作用，如飞机运行、运行控制等，每个系统的管理人员都有与自身相匹配的职责。

1.根据实际优化安全政策

对于安全政策的优化主要包括两个方面：①提高安全政策自身在安全政策方面的比重；②安全政策目标细化。

（1）提高安全政策自身在安全政策方面的比重。东方航空公司将目前的安全政策进行细化，并结合公司安全管理体系运行的实际情况，有针对性地制定相关政策，体现出公司安全政策的针对性和可操作性。

（2）安全政策目标细化。东方航空公司应当将目标细化，根据公司实际情况制定阶段性目标。中国东方航空公司的安全政策不应是一成不变的，而应根据外部政策的变化和公司内部的情况及时进行完善和修订，特别是当东方航空公司完成了阶段安全目标后，公司应适时补充新的安全政策。

2.加强风险评估

制定安全政策必须考虑这些安全政策是否会影响风险。企业需要进一步修改风险管理有关的内容，这才能够让安全政策更加完善。

在进行安全工作时，管理评审也非常重要，指的是对各类安全事故进行检查，了解这些安全管理工作有没有落实到位，还能够根据这些安全工作的内容，持续改进安全管理工作。

东航需要每隔一段时间进行一次风险识别，找到风险源的内容，并出具运行报告。管理评审以会议的形式召开，并由总经理组织，航空安全监察部具体筹办。各运行部门也应采取必要的形式组织内部管理评审。

3.确保安全信息有效沟通

（1）加强管理体系的部分联系。安全管理有利于促进风险控制措施的符合性和有效性。实行有效的技术有利于防止因为技术造成风险损失，建立科学有效的管控制度，有利于提升对员工的管控能力，也有利于进行日常的安全检查，将安全事故发生的概率降到最低，对员工进行安全教育，让安全管理理念深入人心。

根据当前发现的各类问题，及时调整公司的安全政策，改善陈旧的、落后的安全政策，调整这些安全政策让其符合公司的资源配置、运行要求。安全管理工作有利于公司及时获得跟项目有关的各类状态报告，将这些状态报告用于科学培训中。除此之外，还可以将这些状态报告用于探究学习工作小组中，供这些小组仔细分析、探究。

为了做好风险管控，必须随时察觉风险管理工作中的各类危险源，这些危险源中蕴含的大量信息，通过分析这些信息能够了解风险状态。对整个运行过程实施监控，保证能及时发现风险、评估风险，找到对安全管理体系有帮助的方法；识别出整个体系的新风险内容。在进行中间管理时，需要输入整个体系在运行中产生的新危险源信息，这样整个安全管理体系将会被全面启动。

（2）完善信息的系统性建设。航空公司需要在日常运行产生的大量信息中，科学提取有效信息。

运行过程持续监控信息获取。可以根据运行的六大系统（飞机运行、机务维修、运行控制、客舱安全、地面保障、货运保障）来细化运行持续监控信息，对可能涉及的信息按类别进行整理。

公司运行安全审核信息获取。分析公司运行中产生的各类信息，能够看出该公司的运行数据是否跟官方文件吻合，找到运行手册中的缺陷，保证整个系统能够科学有效地运行。

不安全事件信息获取。东方航空公司可以将不安全事件信息获取渠道分为两类：①公司自身发生的各类不安全事故，了解自身的安全管理现状存在着哪些问题；②需要及时获取各类不安全事件信息，从这些信息中提炼出有价值的内容。

（3）创新沟通方式。对于东航来说可采取的安全管理沟通方式有很多。

纵向沟通方面。沟通可以提高管理层和员工之间的工作效率，应适当增加管理层和员工的沟通机会。东航管理层可以采取会议的方式向员工宣传安全管理建设；可以定期跟公司基层员工进行交谈，了解这些员工的思想观念，发现员工风险管理意识方面存在的问题；可以定期召开座谈会，跟员工讨论安全管理工作方面的问题，多了解员工对安全状况的看法，鼓励并积极听取员工的建议，特别是基层员工的建议；鼓励员工多与管理层沟通，了解管理层制定的各项安全方针和安全管理目标，这样才能够在公司内部形成一股融洽的沟通文化。

横向沟通方面。东航鼓励各个部门或小组之间开展互相学习活动，要求各个成员在会议上发表自己对安全管理工作的意见，并收集这些员工的意见；建立一个科学有效的沟通管理机制，在公司内部形成一股积极向上的氛围，提高安全信息在公司内部的沟通效率，为建设安全管理体系和减少安全事故提供信息方面的保障。

4.加强安全培训与文化建设

严格把握"安全促进"原则，制定各式各样的方案，对员工进行安全培训、安全教育，定期将与安全有关的信息发布给工，多跟员工进行沟通，了解员工的想法，对各类安全事件和风险管理流程进行研究，分析员工的安全意识。

（1）修订安全文化建设方案。东航制定科学有效的安全文化体系，鼓励员工多沟通、多交流、多参加安全培训，主动学习安全知识，让安全管理意识在员工心中扎根，不断提升员工的安全理念，在公司内部形成一股健康向上的安全文化，切实保证了公司的安全运行。

（2）加强安全培训和宣传教育。对员工进行安全培训，给他们发放安全手册、定期教授员工安全知识是学习文化的重要组成部分。在这个过程中，需要切实提高员工的安全意识，让员工树立起责任感，提升员工的职业素养，这样有利于规避由粗心、安全知识薄弱等造成的风险。

安全管理体系培训。各大航空公司都非常重视将安全理念灌输给每一个员工，因此这些公司每隔一段时间都会开展安全培训，将整个体系落实到各个子公司中，要求这些子公司能够按照公司要求的履行安全管理职责。

安全培训。安全培训需要将国家颁布的安全法规传输给员工，给员工传递安全精神，将安全意识扎根在每一个员工的思想观念中。还应该多培训员工掌握技术操作，让员工具有风险规避的能力。

安全教育。不同员工的接受能力不同、学习方式不同，公司可以针对员工特点给员工讲授安全知识，对员工进行安全教育。要在公司内部建立一个安全宣传环境，让安全理念深入人心，使每一个员工都能遵守安全知识，还能够带动他人遵守安全知识。根据公司的实际情况制定安全文化方案，给员工宣传安全理念，这样员工才能够在实际行动中约束自己的行为，避免危险事件的发生。

二、海南航空旅客航空安全管理体系改进策略

（一）与航空安全管理体系的关系

旅客航空安全管理体系指的是在一个切实可行的理论体系之下，确保民用航空在执行为旅客提供服务的生产作业时保持一个不存在威胁、危害及损失的状态，或所造成的财产损失和人员伤亡是能够得到控制的，从而真正保障旅客的航空安全。旅客航空安全管理体系是航空安全管理体系的一个分支，或者说是其更进一步的细化，这主要体现在三个方面。

第一，旅客航空安全管理体系为旅客提供更贴心安全的服务，是航空安全管理体系以人为本原则的进一步深入。旅客航空安全管理体系建立的目的，就是给旅客的安全提供保障，真正给旅客提供安全舒适的服务，这是以人为本原则的进一步追求，即根据航空运输的不同用途，确定其具体的目的与目标，对于旅客航空安全管理体系而言，让旅客在安全的前提下有一个满意的旅程是其宗旨。

第二，旅客航空安全管理体系同样追求系统原则。旅客航空安全管理体系对系统原则的追求则是在微观环节对其进一步完善，从面临所有人的服务定位，转向对旅客的服务定位，这样更加精准的定位，预示着将会提供更加细致的服务。

第三，旅客航空安全管理体系的预防原则来自航空安全管理体系。旅客航空安全管理体系依旧遵循预防原则，在预防的前提下，降低安全事故发生的概率，这是所有安全管理体系的终极目标。

（二）航空旅客航空安全管理体系改进

1.提升安保质量

对于海南航空而言，提升安保质量当然是安全工作的核心和重点，因为当危险发生的时候，安保人员其实是第一时间接触到危险的一批人，他们处理事情的能力直接影响着危险系数。提升安保质量可以从以下三个方面来着手。

（1）提高安保人员的素质。安保人员的素质应该是一家航空公司重点关注的内容，这是我国通用航空安全管理体系建设的需求，因为如果安保人员的整体

素质不高，对工作的开展具有一定的阻碍作用，而如果想要去除这种阻碍，就需要对安保人员的素质进行提升。

（2）继续培养应对风险的意识。培养安保人员应对风险的意识，以客观冷静的态度对待风险，在最短的时间内找到最合适的处理方法，把危险系数和损失降到最低。对于海南航空内部而言，如果每一个员工都有强烈的风险意识，那么安保人员相应也得具备这样的素质，因此在海南航空内部营造应对风险意识的氛围同样重要。

（3）提升团队协作能力。高效的团队可以提升团队协作的能力，在海南航空内部，只有提升安保人员的团队协作能力，才能真正让其发挥应对风险的作用，为旅客的安全保驾护航。海南航空很注重团队协作能力的培养、信任度的培养、默契度的培养，只有安保团队与自己的安保人员有足够的默契和信任时，他们才能够在风险面前及时应对，降低风险。

2.完善安全激励考核机制

对于海南航空而言，安全激励考核工作的目的是鼓励员工对自己的工作认真负责。只有合理的安全激励考核机制才能够调动人员的积极性和创造力，为公司未来的发展提供动力。

（1）改善重结果而轻过程的局面。在考核机制体系中，加入对工作过程的考核情况，而不仅仅关注于飞行事故、航空地面事故和航空器维修事故等相关工作的结果。当然，在考核的过程中，还可以邀请一些旅客参与其中，这样的话，考核的过程也会得到一定程度的重视。

（2）把考核的指标真正落实到一线部门。改变原来的工作模式，不只是在公司的中上层进行严格的考核，而是要求公司的各个层次都进行严格的考核，只有这样，海南航空的一线员工才能够意识到考核机制的重要性，也会积极主动地参与其中。

（3）完善安全绩效考核机制。完善的安全考核机制可以让每一个员工意识到自己岗位的责任，能够在出现问题的第一时间来到岗位，第一时间解决问题，做到在最短的时间内降低安全风险，为旅客的航空安全做好保障。此外，完善安全绩效考核机制还需要每一个人员都出言献策，因为只有这样，才会暴露更多的问题，并且使问题得到解决。

（4）增强考核的灵活性。充分认识到灵活性不足的考核机制带来的负面影响，让每一次考核都具有一定的灵活性，在执行的过程中应该体现出一定的人文精神和人文关怀，这样的话，员工才会得到鼓励，从而真正全身心地投入工作，为海南航空之后的发展贡献自己的力量。

3.完善人力资源管理制度

（1）为技术型人才提供更好的待遇。维修技术人员和飞行员都是保障航空安全的中坚力量，海南航空应该为维修技术人员和飞行员提供一份在航空业内有竞争力的工资，不仅能解决维修技术人员和飞行员流失率高的问题，而且能够帮助维修技术人员和飞行员消除一定的后顾之忧，让其一心投入工作。这种待遇也可以体现在解决公司内部收入分配不均衡的问题上，也就是说，尽量缩减收入差距，因为只有做到这一点，维修技术人员和飞行员才会收获更多的满足感和幸福感，为公司的发展充分贡献自己的力量。

（2）合理配置安全人员的岗位。进一步明确监管机构对应的职能，对各部门进行职能分析和职能评估，通过这些评估，很多问题就会得到一定程度的改善和解决。同时，还应该开展一定的调研活动，对每个岗位需要的员工数量进行一定的统计，并且对每个员工的工作能力也尽可能地做到合理评估，这样很多岗位的安排就能够得到一定程度的改进。

（3）彻底调动安全人员的工作积极性。足够积极的工作人员能够分析出自己在工作存在的问题，然后在分析之后加以改善，进而预防航空安全事故的发生，真正为公司的发展贡献力量。创新激励机制，多考虑员工的情绪及其完成安全指标所做出的努力，员工会增加自己的归属感，从而为公司的发展贡献更多的力量。

（4）提供一定的晋升平台和渠道。晋升平台和渠道可以为员工提供一个证明自己工作能力的机会，并且因为自尊心和好胜心会进一步把自己的工作做好，这样他们的工作积极性也会得到大幅度的提升。整个航空安全人员的素质会在不知不觉间得到提升，从而真正让海南航空在未来的发展中乘风破浪。

经济水平的不断提升，旅客的旅游需求不断扩大，这都预示着旅客航空安全体系在航空业的地位越来越重要，也越来越被更多的航空公司所重视。旅客安全管理体系的核心思想是由组织来管理安全，实现安全管理工作事前管理，其目标是持续提高组织的整体安全水平，真正为旅客的安全保驾护航，为航空公司未来的发展奠定良好的基础。

旅客航空安全管理体系的实施和完善是一项长期而复杂的系统工程，必须在航空公司运行与发展的过程中不断调整和完善，要适合公司自身发展的需求和具体运行环境的变化，也要在面临新问题的时候及时转变思路。

第四节　航空安全监管体系实施与建设

一、航空安全监管体系实施思路

（一）坚持"安全第一"原则

坚持"安全第一"原则，处理好安全与发展的关系：①"安全第一"是航空公司生存发展的基础和前提。②"安全第一"是行业运行特点的必然要求。航空作业环境复杂，飞行技术要求高，需要更加关注各个环节的运行安全。③"安全第一"是产业持续健康发展的有力保障。在社会各界发展航空热情日益高涨的情况下，更要坚持安全底线，为航空发展营造良好的外部环境。④"安全第一"是市场培育的根基。如果安全事故频发，航空市场就难以扩大。我们要切实重视安全能力建设，在发展中系好"安全带"，让航空飞得更稳、更高、更远。

（二）建立特定的安全规章标准体系

坚持"安全第一"的发展理念，不等于用管理运输航空安全的方式管理通用航空安全，而是要加快形成区别于运输航空安全的规章标准体系并严格执行。

1.明确"分级分类"的安全管理思路

区分任务性质是载人运输还是作业飞行；区分作业地点是城市上空还是野外田间；区分航空器类型是较大型还是轻小型；区分航空器的用途是自用还是取酬。要根据上述情况，分类评估风险，逐步建立一套适合通用航空各类作业特点的安全规章标准体系。

2.积极推进立法进程

加快修订与通用航空运行紧密相关的规范性文件，抓紧完善相关法规、标准，加强对驾驶员的培训和管理，确保安全。

3.严格落实规章要求

既要严格执行规章，依规运行、依规监管，也要防止出现过度监管、上限监管和越位监管。

（三）加快航空安全监管平台建设

强化通用航空全程安全监管，并明确各部门应承担的职责。

第一，充分利用移动互联网、大数据等现代信息技术，提升对通用航空器地面和空中活动的监控、追踪能力，实现飞行动态实时监控。

第二，鼓励以多种方式建设无人机等"低慢小"航空器监管平台，不断提升用信息技术手段保障安全的能力。

第三，加强对批准运行的第三方无人机云平台的监管，维护市场秩序，保证公平有序竞争。

第四，加大企业经营活动监管力度。加大企业经营活动监管力度要从以下方面着手。

①规范市场准入退出制度。要严格把好人员资质、经营条件准入关，这既是依法行政的要求，也是前移运行安全关口的有效手段。要建立退出机制，清理经营不善的企业，对长期未开展实际运行或整改后仍不符合持续运行条件的企业，要强制其退出市场。

②加大"黑飞"查处力度。"黑飞"既存在较大的安全隐患，又扰乱市场秩序，一直是监管的重点和难点。因此，加强与工信、地方公安等有关部门的协调配合和协同监管，严厉打击各类"黑飞"活动，确保低空飞行安全有序。

③组建专业监察队伍。目前，大量监管任务均由运输处市场类监察员兼任，运输航空与通用航空无法兼顾的矛盾突出，要通过通用航空管理的体制机制改革，逐步研究解决这个问题，体现通用航空的专业性和独立性。

④建立诚信体系。通过公布企业诚信记录的方式，强化行业自律，鼓励诚信经营，培育一批具有核心竞争力的通用航空企业，逐步形成统一规范、竞争有序的通用航空市场。

二、航空安全监管体系的建设

（一）航空安全监管的目标

航空安全监管的目标是确保运行安全。通过建立跨部门、跨领域的航空联合监管机制，形成全过程、可追溯的安全监管体系，以"地面管控为主、空中处置为辅"为原则，分类分级、各司其职，实施通用航空器运行安全监管。

建设通用航空安全监管平台，充分运用移动互联网、大数据等现代信息技术，提升对通用航空器地面和空中活动的监控与追踪能力，实现飞行动态实时监控。工业和信息化部门负责民用无人机无线电频率规划管理。公安部门负责"落地查人"，严厉打击"黑飞"等违法违规行为，确保低空飞行安全有序。

建立起相对完备的中国航空安全方案和成熟的行业安全体系，以风险管理为手段，以体系监管为核心，以资源配置为保障，充分发挥企业的安全管理主体职责和政府安全监管职能。

（二）航空安全监管内容

1.加强通用航空安全评估与调查

建立通用航空安全评估机制，根据业务类别进行监管定级，对通用航空企业、监管人员等开展定期或动态跟踪检查和绩效评估。建立通用航空安全信息平台，规范和完善通用航空生产经营活动，提高监管能力和工作效率，为通用航空安全评估提供信息保障。加强通用航空作业事故调查体系建设，完善作业事故调查处理机制，提升事故调查能力。

2.优化安全监管手段和方式

采取联合检查、交叉检查、专项检查等方式，提升通用航空持续监管及执行保障能力。优化监管手段，建设通用航空安全监管平台，提升通用航空器机载安全设备的安全普及率，提升信息化安全监管能力。强化管理者的安全主体责任，提高通用航空公司安全自律意识及法律法规执行力度，分类引导通用航空企业建立安全管理体系。

通过基于安全风险排序的监管资源配置，实施信息驱动地对重点领域的安全监管；通过强化市场监管，发挥市场管理对安全管理的促进作用和联动作用，实现安全关口前移；通过完善内部评审制度，持续改进我国航空安全方案，提高航空安全监管能力和行业安全绩效水平。

重点加强对企事业单位安全管理体系运行有效性的监管，为企事业单位安全管理体系充分发挥自我审核、自我完善、保障运行安全的作用创造环境。加强对行政主体的执法监察，促进行业安全监管体系与行政监察体系的知识、业务和信息交流。发展安全生产中介服务体系，经政府授权，代表政府执行部分职能，以弥补政府监察力量的不足。

（三）航空安全监管制度

第一，加强基本民用航空法律法规的建设。法律法规是为实现社会正义而调整各种利益关系的产物。加强航空立法，使安全监管活动得到充分的法律保障，实现依法治理。

第二，依法制定行业运行规章，以实现民用航空生产运行标准化、规范化管理，防范风险管理。

第三，明确安全监管机构、人员及职能。建立与民用航空运行规模和复杂程度相适应的安全监管机构，协调有关部门配备数量足够的合格人员及必要的财政经费，以保证安全监管职能得到有效履行、安全监管目标得以实现。

第四，建立监察员资质审查和培训制度。规定监察员最低合格要求，建立初始培训、复训及培训记录制度。

第五，提供技术指导、工具及重要的安全信息。向监察员提供必要的监管工具、技术指导材料、关键安全信息，以使其按规定程序有效履行安全监管职能；向行业提供执行相关规章的技术指导。

第六，颁发执照、合格审定、授权或者批准。通过制定并实施特定的程序，确保从事民用航空活动的人员和单位只有在符合相关规章之后，方可从事航空执照、许可证、授权或者批准所包含的相关民用航空活动。

第七，严格监察。通过制订并实施持续的检查、审计和监测计划，对民用航空活动进行监察，确保航空执照、许可证、授权或者批准的持有人持续符合规章要求，其中包括对行政机关指定的代其履行监督职能的人员进行监察。

第八，解决安全问题。指定并使用规范的程序，用于采取包括强制措施在内的整改行动，以解决安全问题；通过对整改情况的监测和记录，确保安全问题得到及时解决。

三、航空飞行安全的政府监管体系

政府监管主要是社会性监管，即指政府根据社会发展出现的问题采取科学的管控措施，来约束和规范个人及组织的行为。政府监管主要体现在两个方面：①对市场监管上；②对社会管控上。可采取的手段有两种：①经济性管控手段；②社会性管控手段。

（一）构建低空空域管理体系

申请低空开放改革试点。在现有的低空空域改革试点上，深入试点总结经验，要循序渐进、稳步进行扩展改革范围。探索出一套完善的、经过实践认证的、符合我国通用航空需求的指导方案。能够加快对低空空域的管理改革，也能够给我国通用航空飞行提供更完善的服务。

航空各个决策部门在总结之前的改革经验后，应该尽快设置低空空域划分标准，并且还需要进一步验证相关标准，保证这些标准能够促进低空空域管理改革。

加强对审批流程的优化，建立完善的飞行行为规则，保证这些活动能顺利开展，明确相关法律法规的工作细则，加强这些法律法规的针对性，建立统一的监管政策，不断完善监管标准，让这些监管标准能够保障低空空域管理活动得以开展。

总之，根据我国实情，建立适合我国国情的低空空域管理体系，将这一体系跟法律法规有效结合，保证能够符合监管者的要求。在建立完善的规章体系后，就应该尽快执行这些体系，比如要求政府开展执法与监督工作。保证未来的每一次飞行都是符合相关规章制度的，不会出现任何不经审核、不经审批的"黑飞"现象。

（二）健全安全信息管理制度与手段

1.建立事故数据库

在每年收集的安全管理信息的基础上，将近年来的通用航空事故进行整理，并以表格的形式展现出来，利用科学技术手段，建立我国的通用航空事故数据库。通用航空事故数据关系到我国的国防安全，也涉及很多信息，所以建立这样一个数据库将有利于加强对通用航空飞行的安全监管。在通用航空飞行中可能会出现各式各样的问题，有了数据库作为基础，就能够及时从数据库中提取出解决方案。为了保证该数据库能够正常运行，航空公司可以不断更新数据库中的数据。

2.发展第三方的安全监管力量

借鉴成熟的航空安全管理方式，发挥行业协会的作用，成为政府、企业之外推动通航安全发展的第三种力量。

由于行业协会成员参加的自主性、经费来源的民间性和运行的自治性等特点，具有不受各种行政干预的独立性，从而可以通过政府和企业间的协调作用，填补政府的监管空白，增强企业的安全管理意识，强化企业的安全管理文化。在日常工作中，除了维护行业和会员利益外，还应尽量参与政府规章标准制定，同时向企业和社会宣传政府规章、传播安全信息。

3.建设行业安全政府监管方式

（1）明确监管主体部门，明晰责任，统筹监管。通用航空与其他生产行业一致，安全监管的重点和难点在基层的执行层面。强化从总局到基层监管局的垂直管理体系，权责要统一，基层各监管部门要统筹管理、落实安全责任，避免监管的"真空"地带，给通用航空企业运行带来困难，更是安全的隐患。从国家层面来说，应建立统一的整体监管体系，加强内部沟通，从监管角度将通航运行各环节设立成为不可分割的整体。

（2）监管政府须加强通用航空安全管理人员的培训。航空安全管理要切实提高这些监管人员的安全管理水平，让这些监管人员能够在安全管理工作中发挥作用，切实保证通用航空的安全性：①可以通过出台一系列政策，让这些航空安全管理人员提升自我意识。②可以通过设置通用航空安全管理资格门槛，保证只有符合资质的人才能够进入这一行业。③还可以通过与企业合作，让政府出资，企业培训，培训这些航空安全管理人员。

在开展培训的时候，一定要开展实际意义的培训，使专业理论结合公共管理理论，理论再结合实践，提高管理人员的整体素质。

（3）引入经济绩效监管手段，加强通用航空专业人员技术和监管效能。随着我国通用航空的迅速发展，尤其经济发达的地区，通用航空的飞行员、机务人员等专业性较强的人员需求也迅速增加。

监管政府应该积极推动高校与企业联手，共同推进产学研合作，通过高校扩招、现有人员理论培训，企业实践培训二者的结合，充实通用航空专业人员。既充实了通用航空专业队伍，也使得通用航空专业人员不断提升专业知识，让其能够切实保证通用航空的飞行安全。

借鉴新公共理论的观点，将私营企业的管理方法引入公共部门，在公共部门引入竞争机制。建议成立绩效管理委员会，这些管理人员需要负责宏观管理工作、政策制定工作等。保证这些监管人员都能够正确履行自己的职责，在发生违法违规行为的时候也能够不偏袒任何一方，公正地处理这些违法行为。在发生恶意事件的时候，应该加大批评力度和通报力度，防止执法"不落实"或"不到位"。同时，通过强推相关人员的考核，合理利用这些考核结果，让考核人员感受到通用航空对考核结果的重视，在工作中更严格要求自己。政府也应该努力扮演好服务型政府的角色，欢迎公众踊跃参与到政府治理的全过程中，以提高公众的满意度。从监管者的角度、通用航空管理者的角度、民众的角度全方位地认识到安全的重要性，将不安全因素比例降到最低，全面降低通用航空业飞行不安全事件比例，以推动全国的通用航空业健康发展。

4.采用灵活的监管手段

（1）应该对企业的经营状况进行监管，保证这些企业的运营状况良好，同时定期审查这些航空企业出具的财务报告，了解这些航空企业是否有财政不良的现象。只有经营状况良好的企业才能够把更多的精力放在通用航空安全上。

（2）保持对通用航空企业安全措施的长期监管，因为采取安全措施有利于防范安全事故，是需要企业投入大量精力和大量成本才能够完成的。由于市场的外部效应，真正用于改善安全措施的投入微乎其微，所以政府监管部门应该对通用航空安全措施进行持续监管，协调市场、政府与企业的关系，保证通用航空企业在安全措施建设上的投入适合航空发展，继而提高我国通用航空安全管理人员的技能水平。

通用航空是低空空域的主要使用者，而在各种监管手段使用的情况下，政府应注重安全投入和新技术的运用，引入对通用航空器的低空监视技术，将现有的雷达技术与广播式自动监视技术相结合，加强对通用航空飞行管制监管方面的薄弱环节。目前，国际上应用的广播式自动监视技术的导航数据源依赖GPS，这种方式的缺点在于无法保证安全性。我国投入大量资金研发了北斗导航系统，这一系统的安全性相对较高，可靠性也比较好，能够解决以上安全和信号依赖性的问题。

第五章　航空飞行员心理训练与素质管理

飞行员良好的心理健康状况对实现安全、舒适、高效的飞行有着重要作用。本章对航空飞行员合格审定、航空飞行员心理选拔与训练策略、航空飞行员心理素质与飞行安全、航空飞行员心理素质管理策略进行论述。

第一节　航空飞行员合格审定

一、航空飞行员合格审定的总体规则

（一）申请的材料提交

符合现行、有效规定条件的申请人，应当向民航局指定的地区管理局提交申请执照或等级的申请，申请人对其申请材料实质内容的真实性负责，并按规定交纳相应的费用。

在递交申请时，申请人还应当提交下述材料：①身份证明；②学历证明；③理论考试合格证明；④体检合格证明；⑤原执照；⑥飞行经历记录本；⑦实践考试合格证明；⑧对于具有国家航空器驾驶员经历的人员，还应当提交具有航空经历记录的技术档案资料证明或等效文件；⑨对于具有境外航空器驾驶员经历的人员，还应当提交境外驾驶员执照的复印件或扫描件；⑩因违反本规章规定受到处罚的，自处罚之日起已满3年的证明。

（二）申请的受理、审查、批准

第一，对于申请材料不齐全或者不符合格式要求的，地区管理局应当在收到申请之后的5个工作日内一次性书面通知申请人需要补正的全部内容。逾期不通知则视为在收到申请书之日起即受理。申请人按照地区管理局的通知提交全部补正材料，地区管理局应当受理申请。地区管理局不予受理申请，应当书面通知申请人。

第二，地区管理局受理申请后，应当在20个工作日内对申请人的申请材料完成审查。在地区管理局对申请材料的实质内容按照现行有效的相应规定进行核实时，申请人应当及时回答地区管理局提出的问题。由于申请人不能及时回答问题所延误的时间不计入前述20个工作日的期限。

第三，地区管理局经审查认为申请人符合现行有效相应规定的，颁发驾驶员临时执照或者学生驾驶员执照；经审查认为不符合条件的，有权拒绝为其颁发所申请的执照，并且以不予批准通知书通知申请人。地区管理局在做出前述决定之前，应当告知申请人享有申请行政复议或者提起行政诉讼的权利。

第四，对于已为申请人颁发临时执照的情况，地区管理局将全部审查资料复印件或扫描件连同临时执照复印件或扫描件上报民航局飞行标准职能部门进行最终审核。民航局在接到地区管理局报送来的申请人临时执照复印件或扫描件和全部资料后，在20个工作日内完成最终审查，做出最终决定颁发正式执照。

第五，经局方批准，申请人可以取得相应的执照或等级。批准的航空器类别、级别或者其他等级由局方签注在申请人的执照上。

第六，由于飞行训练或者实践考试中所用航空器的特性，申请人不能完成规定的驾驶员操作动作，因此未能完全符合现行有效规则规定的飞行技能要求，但符合所申请执照或者等级的所有其他要求的，局方可以向其颁发签注有相应限制的执照或者等级。

第七，所持体检合格证上有特殊限制的申请人在行使执照所赋予的权利时应受到相应限制。

第八，执照被暂扣的，暂扣期内不得申请现行有效相应规定的任何执照和等级。

第九，执照被吊销的，自吊销之日起3年内不得申请现行有效相应规定的任何执照和等级，再次申请时原飞行经历视为无效。

二、航空飞行员合格审定的学校合格审定规则

以2022年中国民用航空局公布的《民用航空器驾驶员学校合格审定规则》为例，航空飞行员合格审定的学校合格审定规则包括以下内容。

（一）学校合格审定规则的适用范围

为了对民用航空器驾驶员学校进行合格审定和持续监督管理，规范民用航空器驾驶员学校训练运行，根据现行法律、行政法规，制定现行有效规则。

第一，适用于中华人民共和国境内民用航空器驾驶员学校（以下简称"驾驶员学校"）合格证和相关训练规范，以及中华人民共和国境外民用航空器驾驶员学校（以下简称"境外驾驶员学校"）认可证书的管理。

第二，驾驶员学校应当按照现行相应规则进行合格审定，取得驾驶员学校合格证和相关训练规范，方可按照现行有效规则进行民用航空器驾驶员训练。

第三，境外驾驶员学校应当按照现行有效规则进行合格审定，取得境外驾驶员学校认可证书，方可按照现行相应规则进行民用航空器驾驶员训练。

第四，不适用于涉及民航管理的规章《民用航空器驾驶员合格审定规则》（CCAR-61-R4）规定的运动驾驶员执照、私用驾驶员执照，以及无人驾驶航空器驾驶员执照和等级的训练。

（二）学校合格审定规则的职责划分

第一，中国民用航空局负责全国范围驾驶员学校和境外驾驶员学校的统一监督管理，依据现行有效相应规则组织指导驾驶员学校的合格审定和持续监督，制定必要的审定工作程序，规定驾驶员学校合格证和相关训练规范、境外驾驶员学校认可证书，以及相关申请书的统一格式，颁发境外驾驶员学校认可证书。

第二，中国民用航空地区管理局（以下简称"民航地区管理局"）负责辖区内驾驶员学校的合格审定，颁发驾驶员学校合格证和相关训练规范，并向民航局备案。负责对辖区内驾驶员学校的运行，以及其他驾驶员学校在其辖区内设立的辅助运行基地的运行，实施持续监督检查。

第三，在现行有效相应规则中，民航局、民航地区管理局统称为局方。

（三）学校合格审定规则的合格审定

1.申请的条件

申请驾驶员学校合格证和相关训练规范，应当具备下列条件。

（1）申请实施现行有效相应规则的模块课程训练，应当符合关于主运行基地，以及关于人员、机场、航空器、设施、训练课程和记录的相关要求。

（2）申请实施现行有效相应规则的整体课程训练，应当符合关于主运行基地，以及关于人员、机场、航空器、设施、训练课程和记录的相关要求。

（3）符合涉及民航管理的规章《一般运行和飞行规则》（CCAR—91R4）的适用要求。

（4）申请人按照现行有效规则要求配备的人员，在民航行业信用信息记录中没有民用航空器驾驶员培训相关的严重失信行为记录。

2.申请的材料

（1）申请人申请驾驶员学校合格证、申请变更驾驶员学校合格证或者相关训练规范内容，以及申请更新驾驶员学校合格证，应当按照规定的格式和内容，向所在地的民航地区管理局提交申请书。

（2）申请人应当提交相应材料，并对材料的真实性负责。

3.申请的受理

民航地区管理局收到申请后，应当在5个工作日内，做出受理或者不予受理的决定，并书面通知申请人。对于不予受理的，应当说明理由。

（1）对于申请材料不齐全或者不符合规定格式，民航地区管理局应当在5个工作日内，一次性书面通知申请人需要补正的材料或者内容。

（2）申请人按照民航地区管理局的通知提交全部补正材料后，民航地区管理局应当受理申请。

4.局方的审查

（1）民航地区管理局受理申请后，应当按照现行有效相应规则的要求，对申请人提交的申请材料进行审查，并根据本规则运行安全和训练质量要求，对申请材料的实质内容进行核实。

（2）对于申请材料的内容与本规则要求不符，或者申请人不能满足本规则运行安全和训练质量要求的，应当以书面形式通知申请人对申请材料的相关内容做出修订，或者对运行和训练缺陷进行纠正。

5.证件的颁发

（1）民航地区管理局应当自受理申请之日起20个工作日内，做出合格审定的决定。

①对于符合本规则相应要求的申请人，应当颁发或者更新驾驶员学校合格证，批准其按照所颁发的训练规范实施训练运行。

②对于不符合本规则相应要求的申请人，应当做出不予许可的书面决定并说明理由，告知申请人享有依法申请行政复议或者提起行政诉讼的权利。

（2）对于20个工作日内不能做出决定的，经民航地区管理局负责人批准，可以延长10个工作日，并应当将延长期限的理由告知申请人。

（3）训练规范是驾驶员学校合格证的附件，驾驶员学校应当按照训练规范开展训练运行。

6.证件的内容

（1）驾驶员学校合格证应当列明的内容包括：①驾驶员学校名称；②主运行基地和地址；③合格证编号和更新序号；④批准的课程种类；⑤合格证首次颁发日期；⑥合格证更新日期；⑦合格证期满日期；⑧颁发合格证的行政机关名称；⑨声明经审定，该合格证持有人符合本规则的相应要求，批准其按所颁发的训练规范实施训练运行。

（2）与驾驶员学校合格证相匹配的训练规范，应当列明的内容包括：①合格证持有人的名称、地址、电话和传真号码；②与航空器运行相关的有关设施的地址，包括主运行基地和辅助运行基地（如适用）的地址；③管理人员、飞行教员和其他指定人员，包括持有执照的类别、编号和等级；④参加运行的航空器清单，列明航空器型号、国籍标志与登记标志，以及每架航空器适用的课程名称；⑤当运行大型飞机和涡轮多发飞机时，应遵守CCAR-91R4相应条款所采取的措施；⑥对航空器载重和平衡控制方法的批准；⑦运行基地、训练机场和机场设备；⑧课程等级、手册和训练记录；⑨训练设施、教室和教学设备；⑩转场航线；⑪限制、豁免和偏离。

第二节　航空飞行员心理选拔与训练策略

一、航空飞行员心理选拔

航空职业选拔是对候选者的文化教育水平、体格及心理素质进行综合评价的过程。飞行员心理选拔是航空航天心理学研究中的重大课题，是航空职业选拔中的重要组成部分，在飞行职业选拔中所占据的地位越来越重。飞行员心理选拔是航空心理学研究中的重大课题，是随着航空事业的发展，特别是随着飞机的发展而发展起来的。

飞行员心理选拔是根据航空职业的特殊需要，运用心理学方法，由飞行专家和心理学专家共同对报考飞行员的候选者进行心理素质检测与评定，选拔那些心理素质适宜航空活动的候选者从事航空活动，淘汰心理素质不适宜的候选者。其主要目的是降低培训成本、保证飞行安全、提高飞行绩效。

（一）飞行员心理选拔的现状

我国民航在飞行员选拔中应用心理学方法，训练淘汰率明显降低，训练效率明显提高。

由于我国广泛地应用心理学方法选拔民航飞行员，因此提高了民航飞行员的技能水平。从世界范围航空安全形势来看，飞行员人为因素排在前列。因此可以说，如何应用好心理学方法选拔民航飞行员的课题远没有结束。它所带来的飞行安全的保障和飞行员技能水平的提高始终是航空公司选择应用它的动因。

目前，在航空飞行员选拔中，所采用的心理学方法对航空飞行员候选者进行心理测试的目的是获得以下三个层面的心理功能信息。

第一，候选者的感知能力，如候选者对信息的觉察、注意、记忆、分析和判断的能力，目前采用的心理学方法是纸笔测试。其优点是数十人可同时被测试，相对费时较少，成本较低。

第二，候选者的心理运动能力，即候选者对正确感知后得出的指令的执行能力。设计研制获取候选者心理运动能力的测试仪器方面，普遍遵照了两条原则：①测试仪器要能够满足测试出候选者眼（耳）–手–脚协调能力的要求；②测试仪器要能够满足测试出候选者同时完成多个任务能力的要求。

第三，候选者的人格特征，目前采用的方法是以心理会谈为主，以人格问卷量表测验为辅。主持谈话者借助对候选者进行的人格问卷测验结果，设计针对性的会谈提纲，并根据候选者在会谈情景下的表现给出一些更具针对性的问题，最后对其人格特征、成就动机等做出综合评价。

由于心理会谈后对候选者的人格及其他适应状况做出的评价结果受到心理学家个人经验的影响。因此，在决定对候选者的取舍时，通常需要综合在场的三名心理学家的评价结果。心理会谈的操作难度是所有心理学选拔方法中最大的一种，主要原因是心理学家间经验的差异使得评价系统难以客观化和标准化。

总之，培养飞行员的过程是一个受多因素制约的复杂过程，所以要在初选阶段追求心理测试成绩与后期飞行训练，尤其是高性能飞机驾驶成绩之间的高度相关，在理论上是办不到的。

关于今后飞行员心理选拔工作改革的重点，是贯彻选训结合、分级选拔的思想，加快研究飞行基础学院和飞行学院的心理训练方法，以及根据心理训练和飞行训练成绩后续选拔的标准。另外建议对国内已有的研究结果进行更加深入的验证性研究，如对预测效度较高的方法扩大样本量加以验证，对同类研究结果进行元分析。并且加紧开展对飞行员情景意识的理论研究和测试方法研究，争取尽早建立高性能战斗机飞行员心理选拔方法和标准。

（二）飞行员心理选拔的原则

1.综合评定原则

根据心理选拔检测结果做职业合格结论时，还应注意收集候选者的体检、思想品德、爱好、接受教育和学习，以及生活史等方面的资料，做综合考虑。因为这些资料往往能提供有关能力发展水平、某些个性特点、社会交际能力，以及高级神经活动特点的补充信息。

2.个别对待原则

一个人能否顺利掌握飞行技术并获得优异成绩，取决于各种心理品质的有机组合。某种心理品质的缺陷，可由其他心理品质予以补偿。这种补偿，一般可以顺利通过初级飞行训练，但到高级飞行训练或战斗飞行训练时就会出现困难。所以，根据候选者心理学检测总成绩评定职业适合性时，还应分析各单项检测成绩，进行全面权衡和个别对待。

3.评定标准相应变化原则

在选拔实践中，由于候选者人数和通过其他职业选拔成绩的人数变化，以及航空技术的发展和对专业人才要求的变化，必须相应提高或降低职业适合性评价标准。

4.动态、连续评定原则

飞行员心理选拔应该是一个连续的过程，即不仅要看候选者初选的检测成绩，还要对其在飞行学院整个学习和飞行训练过程中的一系列表现经常进行考查，以便为合理分配专业、因材施教、任用等提出更确切的建议。

（三）飞行员心理选拔的方法

1.会谈法

会谈法，又称访谈法，是心理学家通过与会谈对象进行口头交谈的方式，从回答问题中收集其有关心理特征和行为资料的一种研究方法。会谈通常需要事先详细阅读有关会谈对象的个人材料，确定谈话目的和制定谈话提纲。

2.行为观察法

行为观察法是指有目的、有计划地观察被观察对象在一定条件下的外显行为和表现，并对观察内容做详细的记录和分析，以判断其心理活动特征的一种研究方法。鉴于仪器检测和纸笔测验所测量的范围有限，在飞行员选拔中采用行为观察，有助于更全面、灵活地把握飞行员的整体情况。特别是在缺乏其他客观测试工具时，行为观察法更能体现其直观和便利的优势。在实施过程中，为了能更精确地研究被观察对象的心理特征，可充分利用照相、录音、录像、摄影等技术手段。

行为观察法可以单独进行，也可以与其他检查方法同时进行。在集体行为观察中，观察的重点应是那些表现比较突出的和比较差的人。数名观察者按照姓名，分别在专门设计的登记表上记录观察对象各行为特点和完成作业的情况。观察的内容应该是最本质的问题，如完成作业是否能按口令进行，动作是否敏捷，神态和行为表现是否自若、恰当。

3.纸笔测验法

纸笔测验法是用纸呈现一系列标准化问题，要求受检者按照指导语的要求用笔做书面回答的一种测验形式。纸笔测验法的内容可以是文字性的、符号性的或图片性的；可涉及广泛的心理学内容，包括智力测验、能力倾向测验、动机测验、情绪测验、成就测验、人格测验、气质类型测验等。纸笔测验法实施简便、经济，可在短时间内获得大量资料，特别适合大规模施测的团体测验。在飞行员心理选拔中，纸笔测验法多用于智力、能力倾向、人格、情绪和飞行动机等的测验。

4.仪器检测法

仪器检测法是运用专门的仪器设备检测人的心理运动能力，以及相应的生理活动特点的一种测验方法。由于对测验精度要求高，仪器检测法主要用于个别检测。仪器检测法可以用于检测人的随意运动能力，如手足动作协调性、灵活性、准确性、稳定性、操作跟踪能力、动作记忆能力、反应速度、注意特点等，因此有人将其称为心理运动检测法。同时与记录人的心率、呼吸、血压、脉搏、皮肤电阻等特定的仪器相连接，还能够了解被测者的情绪稳定性等特征。

5.传记法

传记法是以个人传记历史记录为素材，研究人的心理活动特征及其发展规律的一种研究方法。传记法一般用于对个人心理活动的研究，在心理学研究方法中属个案研究的一种。它能系统地记载个人的经历和行为，有利于了解一个人的整体心理发展规律和趋势。

传记法研究的内容涉及个人经历、生活习惯、成长环境、学业成绩、学习动机、品行表现、兴趣爱好、特殊才能、性格特点、职业趋向、对公益活动的态度、人际交往关系等。传记法的素材可以通过个别会谈、相关人员访谈、个人活动成果分析（自传、日记、作文、图画、试卷、手工成品和学习作业成绩）等方法收集。在飞行员心理选拔中，传记法多作为辅助研究方法之一。

6.轻型飞机检测法

轻型飞机检测法是在飞行员选拔过程中采用轻型飞机，由有经验的飞行专家带候选者实际飞行，对其整体心理和身体素质进行评价的一种方法。检测时间一般根据检测目的确定，少则7～8小时，多则10天左右。但由于经费开支大、选拔工作量和程序安排等问题，轻型飞机检测法的推广受到很大限制。

7.飞行模拟器检测法

飞行模拟器，又称地面飞行模拟器，是用来模拟实际飞行或飞行操作中某些条件的一系列设备。飞行模拟器检测法是在飞行员心理选拔中采用飞行模拟器检测候选者操作能力、智力或飞行能力倾向性等多项心理品质的一种研究方法。

（四）飞行员心理选拔的内容

1.智力与能力倾向

智力是抽象思维的能力；智力是学习的能力；智力是适应新环境的能力；智力是智力测验所测得的能力。智力测验是指一类用以衡量个体智力水平高低的标准化测量工具，又称普通能力测验。智力测验按实施方式可分为个别实施智力测验和团体实施智力测验。

能力可分为认知能力和操作能力。智力指前者，是人们在认识过程中表现出来的能力的综合，主要包括观察力、注意力、记忆力、想象力和思维力等。能力倾向是指个体在学习某种事物之前对学习该事物所具备的潜能。能力倾向可分为一般能力倾向和特殊能力倾向,一般能力倾向通常指智力;特殊能力倾向是指人们在特殊环境或职业中表现出的个体潜能。

能力倾向是指可能发展出来的潜在能力,能力倾向测验是指一类用于发现个体潜在能力,了解个体发展倾向性和从未来训练中获益的能力的标准化测验。能力倾向测验和智力测验主要反映个体成功的潜能,可用于职业咨询、职业选拔和安置。

能力倾向测验是根据特殊的职业要求而产生的,因此其种类繁多,如机械能力测验、文书能力测验、艺术与音乐能力测验,以及多重能力倾向成套测验。

2.心理运动能力

心理运动能力是指个体意识对躯体精细动作和动作协调的支配能力,是从感知到运动反应的过程及其相互协调活动的能力。因此它包括感知活动、运动活动和两者间的协调,其基本特性包括灵活性、准确性、协调性、反应速度和控制能力等。心理运动能力有较大的个体差异,个体经验和练习效应对心理运动能力的改善和提高有一定的影响。心理运动能力测验主要是在特殊装置的仪器上完成的,在航空航天心理学中称为仪器检测。

心理运动能力是飞行技能重要的心理因素之一。性能越复杂、机动灵活性越高的飞机,对其飞行员心理运动能力品质的要求就越高,特别是对战斗机飞行员来说,各种独立的要素在完成任何操作活动时均需协调一致。在执行飞行任务的过程中,任何一个独立要素发生障碍,都将影响整个心理运动能力,影响操作活动的质和量,导致飞行事故发生。因此,心理运动能力检测一直是飞行员心理选拔和鉴定最重要的手段。所以,在心理选拔阶段,对候选者的心理动作能力的检测要求非常严格。

3.个性

个性也称人格,指个体对客观现实稳定的态度与之相应的习惯化了的行为方式的个性心理特征;是个体先天和在后天生活经历中形成的对人、对事、对己,以及对整个环境所显示出的独特行为特征。个性一旦形成是相当稳定的。个性还具有多样性和多层次、多维度等特点。个性特征及其维度通过个性测验来衡量。

个性测验,也称人格测验,是对个性资料做定量分析的手段,是通过对个体在一定情境下经常表现出来的典型行为与情感反应进行测量的标准化测验。个性测验内容涉及性格特征、需要、动机、兴趣、情感、气质、人际关系及价值观等。在检测方法上有多种形式，其中最常用的是问卷法个性测验和投射法个性测验。

（1）问卷法个性测验。问卷法个性测验是依据特定人格理论编制的一系列问题和选择答案，让被试做书面回答，并对回答结果进行数量化处理和标准化分析的一种个性特征测量方法。由于采用的是自我报告的形式，又称为自陈式测验。问卷法个性测验多为纸笔测验形式，由测验问卷、答卷、标准分换算常模和使用手册等组成。问题回答的方式通常可分为三种形式：①是非式，用"是"或"否"回答问题；②二择一式，从两个内容相反的答案中选择一个；③多级式，在多个选择或等级式问题中选择一个。

（2）投射法个性测验。投射法个性测验是将一些无结构、无主题的图像呈现给被试者，让被试者根据自己的理解和体验做自由回答，借以分析和了解被试者的个性特征的一种测量方法。

在测验中，被试者描述一幅图像时常常将个体的主观体验、情感倾向和对事物的态度等主观意识投射到对该图像的描述中，不知不觉地流露出个人的思想和情感。目前国际上应用最广泛的投射法人格测验有罗夏测验和主题统觉测验。

4.前飞行经验

经验是指人们通过实践活动直接反应客观现实的过程。前飞行经验是指飞行学员在学习飞行驾驶前所具备的与飞行技能有关的经验系统，如空间定向能力、躯体活动的协调能力、反应准确性和敏捷性、某些个性特征和特殊的生活经历等。

5.飞行动机

动机是指能引起、维持一个人的活动，并将该活动引向某一目标，以满足个体需要的某种内在动力。飞行动机是以飞行活动为追求目标的一种成就性动机，是影响个体顺利完成飞行训练、掌握各种飞行技能的重要原因之一。

二、航空飞行员心理训练策略

飞行员严格的心理选拔过程保证了心理品质基本适宜的候选者从事飞行职业，根据国际航空界权威人士的估计，良好的选拔充其量也只是完成了培养一名合格飞行员50%的工作。飞行员心理训练是依据航空活动中心理活动的规律和要求，采用心理学方法，有目的、有计划地对训练对象的心理过程和个性心理特征施加影响，使之形成上述心理品质的过程。

（一）训练原则

1.生理训练和心理训练相结合的原则

心理训练方法大致上可分成两类：①采用专门的方法或技术，借助特殊的仪器设备有针对性地对飞行员的某项心理品质加以训练；②将心理学方法技术贯穿到航空技术训练和身体训练中去，用心理学理论指导平时训练和日常生活，培养航空所需的心理品质。

从实际飞行工作的角度看，生理训练在某种意义上也是一种心理训练的补充方式。也就是说，人们在通过生理训练提高身体素质的同时，心理素质也同样获得了发展。事实上，心理训练的主要目的不仅是获得心智和体质的和谐与统一，而且是一个大脑与躯体密切联系共同发展的活动。因此，在实际操作中，这两类方法都是必要的。应强调的是，生理训练和心理训练在训练目标上都应突出与航空活动需求的结合。其中，由于生理训练更加接近航空实践活动，不需要另外增加训练时间和训练设备。

2.个体技能训练与成员兼容性训练相结合的原则

个体在心理特征方面所存在的较大差异决定了飞行员之间心理训练重点应有所不同。即使是针对普遍性问题的训练，也会因每个人的具体情况不同而在训练内容、方法和目标设置上有所区别，这也是传统意义上的因材施教原则。

在确保个体技能有效训练的基础上，必须进一步强化个体在集体环境下的工作技能，这是现代飞行环境条件下个体必须具备的一项重要品质。也是现代心理训练模式的核心。因此，只有将个体的技能训练、团体的协作和交流技能训练有机结合在一起，才能确保并充分发挥人为因素训练的作用。

3.长期训练的原则

心理训练与身体训练、技术训练一样，也是一个长期的过程。虽然应当肯定，在一段时间里通过某种心理训练，在某方面可能会获得一些训练效果。但一般来说，心理技能的提高是缓慢的，需要通过多次潜移默化的练习，才会在一段时间的积累之后暴露出来。

良好的心理品质，离不开长时间的不懈训练。这在客观上也要求心理训练的内容要与飞行实际操作密切联系，使得飞行员学会的心理技巧能在日常工作中得到应用和强化，从而伴随他们整个职业生涯。

4.循序渐进的原则

根据心理品质的发展规律，认真制订训练计划，精心安排训练内容和方法。在训练内容上突出重点，每项训练集中解决一两个具体问题。并按照从简到繁、从易到难的顺序逐步增加训练强度。难度梯度要让受训者看到自身的训练效果。在训练方法上要突出可操作性，越具体越好。并尽可能地设置分级的、可量化的训练目标，以便检查和评价训练效果。应该说，心理训练的最终目标是通过训练完成学习过程，让受训者掌握特定的心理技巧，实现自我训练。

5.因人而异的原则

人与人之间在心理特征方面存在显著的个体差异，因此每名飞行员的心理训练重点应有所不同。即使是针对普遍性问题的训练，也会由于每个人的具体情况不同，而在训练内容、方法和目标设置上有所区别。心理训练一定要因人而异，重视个体，只有最贴近个人实际情况、操作性强的训练计划，才是切实可行和有效的。

6.全面发展的原则

每个人的能力、性格、动机、情绪、自信心、意志力等各项心理品质是相互关联和影响的。尽管某项具体的心理训练针对某项心理品质，但一定不能忽视个体心理结构的整体性，一定要注意心理品质的全面发展。不仅在心理训练体系中应重视这一点，而且在处理心理训练和其他各项训练的关系上也应贯彻此原则，因为心理品质、身体素质、技术素质和思想素质，都是相互联系和制约的。心理训练需要结合身体训练、航空技术训练和思想教育去实施。心理品质的提高，会有力地带动其他各项素质的提高。

（二）素质训练

飞行心理素质训练是依据飞行中人的心理活动规律和要求，采用心理科学的原理和方法，有目的、有计划地对飞行人员的心理过程和个性心理特征施加影响，使之形成适应飞行职业活动所需的心理品质的过程。心理技能是通过学习、练习而形成的符合法则的心智活动方式。飞行人员的心理技能如同飞行动作技能一样，也需要不断练习、实践才能掌握和提高。所谓的心理技能训练，是有针对性地、持续化地提升飞行人员心智技能的系列化练习。

1.放松技能训练

（1）渐进放松训练。渐进放松训练要参照具体步骤依次紧张、放松。每次肌肉收缩5~10秒，然后放松30~40秒，根据具体情况也可调整这个时间。特别要注意体会肌肉紧张是什么感受，肌肉放松又是什么感受。这种肌肉紧张的目的是帮助被试者分辨出紧张和放松之间的区别。一旦被试者辨别出这种差别，他就无须紧张可以完全放松四肢了。同时，最多只能把放松过程的前几分钟用来做肌肉紧张练习，其余所有时间都应该被用来做放松练习。对于被认为是放松了的肌肉，必须保证它不受任何干扰，是完全的柔软和静止。此外，渐进放松训练与表象训练结合效果最好。

渐进放松训练的具体步骤如下：

①臂部肌肉放松。双手平放在沙发扶手上，掌心向上，握拳，使双手和双前臂肌肉紧张，保持5~7秒，然后放松20~30秒（以下省略紧张与松弛的时间），弯曲双肘，使肱二头肌紧张，然后放松。

②头部肌肉放松。紧锁眉头，让额肌紧张，然后放松。闭紧双眼，将眼肌拉紧，然后放松。皱起鼻子和面颊部肌肉，然后放松。咬紧牙关，注意下颚的紧张，然后放松。用舌头顶住上颚，使舌头紧张，然后放松。紧闭双唇部肌肉紧张，然后放松。

③颈部肌肉放松。将头用力向下弯，使下巴抵住胸部，然后放松。将头尽力向后倒，将头转向右边，再转向左边，体验紧张点的转变，然后放松。

④胸部肌肉放松。双肩向前并拢，使胸部四周肌肉紧张，然后放松。体验胸部舒适、轻松的感觉。

⑤肩部肌肉放松。将双臂外伸悬浮于空，尽力使两肩向上提，然后放松，注意体验发热和沉重的感觉。

⑥背部肌肉放松。向后用力弯曲背部，努力使胸部和腹部突出，坚持一会儿，然后放松。向背后扩双肩，使双肩尽量合并以紧张上背肌肉群，然后放松。

⑦腹部肌肉放松。高抬双腿以紧张腹部肌肉，然后放松。注意由紧张到放松过程中腹部的感觉变化。

⑧臀部肌肉放松。将双腿伸直平放于地，用力向下压两只小腿和脚后跟，使臀部肌肉紧张，然后放松。将臀部夹紧，努力提高骨盆的位置，然后放松。体会臀部肌肉开始发热，并有一种沉重的感觉。

⑨大腿肌肉放松。绷紧双腿，使双脚后跟离开地面，然后放松。将双腿伸直并紧双膝，然后放松。注意体验微微发热的感觉。

⑩小腿肌肉放松。将双脚向膝盖方向弯曲，使小腿肌肉紧张，然后放松。将双脚向前下方用力弯曲，然后放松。注意体验紧张感的消除。

⑪脚趾肌肉放松。将双脚趾慢慢用力向上弯曲，两踝与腿部不要移动，然后放松。将双脚趾缓缓向下用力弯曲，然后放松。

训练中应该注意的事项包括：①应在舒适、安静、光线暗的场所训练，训练前排去二便，宽衣解带，坐在单人沙发或躺在床上。②每块肌肉收缩5～7秒，然后放松20～30秒。收缩和松弛之间应有足够的间隙，使松弛感与紧张感有鲜明的对比。③每次训练20～30分钟，一般应在晚上睡眠前进行，每天1次。④坚持训练，2周后就会达到全身放松。

（2）自生训练。自生训练的目的是采用一系列能够引起这两种生理状态的心理练习。从本质上说，自生训练包括的三个步骤。

第一，在心理上引起一种身体的温暖感和四肢的沉重感，包括：①胳膊和腿发沉；②胳膊和腿发暖；③胸部发暖，感觉心跳减慢；④平静下来，放松呼吸；⑤腹腔神经丛区域发暖；⑥感觉前额有凉意。

第二，运用表象。在这一步骤，要鼓励训练者想象能够让自己放松的情景，同时将注意力集中在胳膊和腿的温暖感、沉重感上。

第三，使用特殊主题，来诱发放松反应。其中一种比较有效的特殊主题就是运用自我暗示提示自己身体确实已经放松了。像渐进放松训练一样，自生训练运用得当，也可以有效引起放松反应。自生训练需要几个月的练习才可以掌握。一旦被掌握，飞行员就可以在几分钟内引起放松反应，降低焦虑水平。具体练习步骤包括：①沉重感练习，体会放松后在身体里引起的沉重感觉。②温热感练习，能够随心所欲地在体内引起发热的感觉。③稳定心率练习，使自己的心跳平稳而有力。仰面躺下，在胸部、颈部或其他地方用手感觉到脉搏搏动。④腹部热感练习，上腹部产生温热的感觉。⑤额头凉爽感练习，使自己的头部产生凉爽的感觉。注意事项：前一个练习做得正确有效后再开始下一个练习，切忌进度太快，全部掌握约需10周时间。

（3）生物反馈训练。生物反馈训练，又称为"内脏学习"或"自主神经学习"，它是指使用仪器来帮助人们控制自主神经系统的反应。在一般情况下，人们感觉不到自己的内脏活动，更不知道它是怎样活动的。但是，通过专门设备，把人体的生理反应放大、显示或记录，同时又让这些信息转化为信号或读数。飞行员在识别这些信号或读数时，就相当于自己"看到"或"听到"这些机能的变化。用电子仪器显示这些生理机能时，他就可以从显示器里了解生理机能活动的状况。专业人员通过指导飞行员有意识地控制和调节机体的各种反应，使血压提升或下降、调节内脏活动能力。

随着调控内脏活动能力的加强，当出现过度紧张、恐惧或焦虑时，便能自觉地调整内脏活动，随之消除精神紧张，使思想情绪稳定下来。在训练过程中，一旦训练者学会辨认自主神经系统的变化，就可以脱离仪器，在没有仪器的情况下，控制自主神经系统的活动。

由于生物反馈训练和其他放松训练同属于中枢神经系统对自主神经的调节和控制过程，因此在进行生物反馈训练时，结合其他放松训练来进行，才能收到更好的训练效果。进行生物反馈训练必须具备三个基本条件：生物反馈仪、合格的指导者和适宜的训练场所。仪器的研发提高了生物反馈训练的效果。下面介绍三种生物反馈训练中常用的测量指标。

①皮肤温度。在生物反馈训练中，最常用而又最经济的方式就是测量皮肤温度。人们高度唤醒的时候，会有大量的血液流向器官，其中部分血液来自四肢末端区域的血管，血液上流会使手感觉冰冷和湿黏。因此，压力会降低四肢的皮肤温度。

②肌电。另外一种非常常见的仪器是使用一种肌电描记反馈设备。把电极贴在训练者的胳膊或前额的某些肌肉群上，让训练者通过听觉信号或视觉信号来减轻肌肉紧张。听觉信号主要是耳机里的嘀嗒声，而视觉信号主要来自训练者观看的示波器。

③脑电。第三种用于生物反馈测试的重要仪器是脑电图仪，通常被称为脑波训练。

（4）腹式呼吸训练。腹式呼吸是放松训练最基本而有效的方法。该方法与胸式呼吸相对应，是所谓的"睡眠术"呼吸方式，呼吸动作着力点放在横膈膜和腹壁肌肉上，呼吸缓慢而深沉。可以用下面的方式练习这种腹式呼吸：仰卧在床上，把一只手伸开，掌心向下放在腹上，把另一只手伸开，掌心向下放在胸上。用横膈膜缓慢而深沉地吸气，会感到胃部扩张，腹部鼓起。腹上的手跟着上升，但胸上的手基本不动。还可以将嘴唇缩拢，像含着一根吸管那样往里深吸气，帮助腹式呼吸。

当对腹式呼吸有所体会之后，可以进行站立式呼吸练习。闭上双眼，全身放松，缓慢而深沉地呼吸。用意念想象有一片羽毛正在慢慢漂移，在你面前非常缓慢地下落，至脐部水平处停留，很柔和地漂浮在那，这时可以用腹式呼吸对抗过度应激反应。无论何时出现过度紧张的症状，立即进行1～2次慢而深的腹式呼吸，往往能产生放松反应。平时随机地做1～2次腹式呼吸也有利于保持放松状态，起到调节情绪的作用。

2.提高记忆力的训练

记忆是人脑对过去经验的保持和提取。它包括"记"和"忆"两个方面，"记"体现在识记和保持上，而"忆"则体现在再认和回忆上。记忆由三个环节构成：①识记；②保持；③再认和回忆。

从信息加工的观点看，记忆就是人脑对外界输入的信息进行编码、储存和提取的过程。

感觉记忆、短时记忆和长时记忆是记忆系统中三个不同的信息加工阶段，它们之间相互影响、相互作用、相互联系。

提高记忆力的练习方法：①掌握记忆成功的条件；②运用良好的记忆方法。

（1）记忆成功的条件：①注意力集中。②记忆目标具体明确，即在同一时间里记忆的目标不能太多。③思维和理解相结合。在记忆过程中，多琢磨，理解透，记忆效果就好。④丰富的知识。知识越丰富，就容易与新学的知识联系起来，加深理解。⑤及时复习。通过读、说、写、想、做等多种途径，来提高复习的效果。⑥多运用和实践。⑦讲究记忆卫生。愉快的情绪、适当的营养、清新的空气、最佳的时间、合理用脑、劳逸结合，这些都能增强记忆效果。

（2）记忆方法的科学。运用科学的记忆方法，记忆的效果将会事半功倍。飞行员可以结合自己的学习和飞行实践，运用下面介绍的方法进行练习，并总结出自己的经验，用笔记本记下。

①全体、分段、联合记忆法。学习一份材料，从头到尾反复阅读到熟记为止，叫作"全体记忆法"。把材料分为几个部分，一段一段地记熟，叫作"分段记忆法"。通读数遍之后再分段熟记，最后联合起来，叫作"联合记忆法"。

②连环记忆法。连环记忆法是把记忆对象按性质、特征、内容联系，归纳分类，使之系统化、条理化，像锁链似的，拿一环可以提起全部。因此，连环记忆法亦称"分类记忆法""归纳记忆法"。

③多通道记忆法。在记忆过程中，把看、听、读、写都利用起来，比单纯用眼看或用耳听的记忆效果好。因为，动用多种渠道输入知识信息，记忆的痕迹会加深，而且同一信息在大脑中痕迹增多，某一痕迹消失，其他痕迹尚存。因此，多通道记忆法亦称"加深记忆法"。

④理解记忆法。在理解的基础上进行学习和记忆，不仅可以提高识记的全面性、精确性和巩固性，而且有利于掌握新知识和新经验。

⑤强刺激记忆法。凡能引起情感冲动的事情，其刺激作用明显，引起的记忆痕迹深刻。

⑥图解记忆法。把飞行教学中的有关法则绘成鲜明易懂的图解，能明显提高记忆效果。

⑦联想记忆法。联想记忆分为接近联想、类比联想和对立联想。

⑧形象记忆法。在飞行教学中，重视抽象问题形象化，动用电化教学等直观教学手段，能取得明显的记忆效果。

⑨趣味记忆法。对感兴趣的事物容易记得牢。因此，可以把某些学习材料编成便于记忆的故事，亦可跟同伴比赛，引起兴趣，提高记忆效果。

⑩歌谣记忆法。根据某些记忆材料的性质和特点，编成歌谣、顺口溜和口诀，有利于记忆。

3.人际交往和心理相容性训练

人际交往是指人们运用语言或非语言符号交换意见、传达思想、表达情感和需要的交流过程。飞行员之间的交往活动，具有三个重要作用：①整合作用。整合作用是增强飞行员群体内部团结的黏合剂。②调节作用。调节作用能使飞行员之间在认识、情感和行为上彼此协调，相互统一。③保健作用。保健作用能促进飞行员个性发展，有利于其身心健康。

（1）人际交往的心理特征。人际交往的心理特征分为三个组成部分：个性心理特征、角色心理特征和群体心理特征。

①个性心理特征。个性心理特征是个体身上经常表现出来的本质的、相对稳定的心理特征，包括能力、气质、性格和个性倾向性。能力是指在人与人交往的过程中，善于和各种人打交道，善于用合适的方式表明自己的看法、意见、要求，善于倾听和理解对方的意见，并能在这些基础上实现沟通，是交往能力强的主要表现；气质是指心理过程的速度、强度、稳定性和内外倾向性的心理特点的

总和；性格是指人对现实的态度和行为方式中较稳定的、具有核心意义的个性心理特征。

②角色心理特征。角色是指个体在社会中担任的角色。角色相同的人群其心理特征往往存在着许多共同点。飞行员的心理特征主要表现为：整肃性、奉献性、坚毅性和协调性。当然，就飞行员而言，也存在指挥员与飞行员、长机与僚机、老飞行员与新飞行员等不同的角色要求。

③群体心理特征。群体分为正式群体和非正式群体。

人际交往心理特征的三个组成部分是相对独立又互相影响的。其中，个性心理特征是基础，具有相对稳定性和独立性；角色心理特征具有可变换性和可塑造性；群体心理特征具有凝聚性。每一个人都同时具有这三种心理特征，因而它们是统一的。然而，每一种心理特征在不同个体身上的表现是不一样的，因而它们又是相互独立的。需要特别指出的是，群体心理特征最具有社会化的色彩，它表明个体已意识到自身并不是独立存在的，因此需要人际交往，只有置身在群体中才能生存。

（2）心理相容性。心理相容性是指群体成员在心理和行为上的彼此协调一致性。它是群体人际关系的重要心理成分，是群体团结的社会心理特征，以群体共同活动为中介，中介水平不同，心理相容的层次、水平也不一样。

飞行员群体具有共同活动基础，有条件也有必要培养高层次的心理相容性。例如，机组成员之间的心理相容性就应该包括：①生理心理相容性。生理心理相容性取决于身体素质、职业能力水平和气质特点等，能保证在关键时刻机组成员的心理运动反应和思维过程的同一性，动作快慢的一致性，特别是加快动作速度的同步性。②社会心理相容性。社会心理相容性是指在兴趣、需求、行为动机、对工作和生活的态度、性格特点、文化修养等方面的共性或相似性。

提高心理相容性的方法：第一，训练准备。场地与基本材料。场地依参加人数而定。一般来说，20人以上需选择60平方米以上的活动场所。基本材料包括：工具、凳子、音响、纸笔、需要飞行员填写的"知情同意书"等。第二，训练大纲。训练一般每周一次，每次3小时左右。可参考下列活动大纲，在具体实施时，还需依据受训飞行员对象的特点进行调整，循序渐进地开展训练：①营造亲密和谐的关系，增进飞行员相互的信任；②帮助飞行员认识到人与人在思维、情感和行为方式上的不同是客观存在的；③学会倾听，关注他人的情感和思维，接受彼此的差异，容忍不同的价值观；④促进飞行员间情感和行为的相互支持。

4.飞行员心理耐受力训练

（1）训练准备。①场地。场地依参加人数而定，一般来说，20人以上需选择60平方米以上的活动场地。②基本材料。基本材料包括：工具、凳子、音响、纸笔、眼罩、铝制单杠、需要飞行员填写的"知情同意书"等。

（2）训练大纲。训练一般每周一次，每次3小时左右。可参考下列活动大纲，在具体实施时，还需依据受训飞行员的特点进行调整，循序渐进地开展训练：①使参训飞行员了解、体悟生活中的挫折与困难；②训练飞行员面对压力或在困境时的情绪稳定性；③训练飞行员在面对压力、挫折时的耐受性。

5.飞行员心理弹性与适应力训练

飞行员心理弹性与适应力训练对于提高飞行员心理健康，保证飞行活动安全性具有重要意义。飞行活动是一项复杂的高难度活动，飞行员的飞行技术、情绪都会影响飞行操作；另外，飞行中可能出现各种意料之外的情况，飞行员能否在最短时间内接受变化并采取灵活积极的措施应对这种变化，决定了是否能顺利完成飞行任务。

（1）训练准备。①场地。场地依参加人数而定，一般来说，20人以上需选择60平方米以上的活动场所。②基本材料。基本材料包括：工具、凳子、音响、纸笔、需要飞行员填写的"知情同意书"等。

（2）训练大纲。训练一般每周一次，每次3小时左右，可参考下列活动大纲，在具体实施时，还需依据受训飞行员对象的特点进行调整，循序渐进地开展训练：①引导飞行员认识到变化会引起某种程度的不适，但变化无处不在，应以一种平和的心态去看待变化与困境；②培养飞行员灵活应对环境变化的能力；③为飞行员提供一些适应环境、摆脱困境的方法，以供其参考使用；④通过户外操作活动，帮助飞行员把前几次在课程学到适应变化与灵活应对的方法应用到实践中去。

6.飞行员风险感知与决策训练

在飞行事故中，如果飞行员能够尽早感知到风险，并能冷静地做出正确决策的话，很多飞行事故都是可以避免的。飞行员风险感知与决策能力的训练，对提高飞行质量，确保飞行安全具有重要的意义。

（1）训练准备。场地依参加人数而定，一般来说，20人以上需选择60平方米以上的活动场所。

（2）训练大纲。训练一般每周一次，每次3小时左右。可参考下列活动大纲，在具体实施时，还需依据受训飞行员的特点进行调整，循序渐进地开展训练：①提高飞行员在遇到风险时，能够灵敏迅速地感知的能力；②训练飞行员在危险发生时，镇定、果断地做出决策。

第三节　航空飞行员心理素质与飞行安全

飞行员作为航空器的直接操作者，其心理素质因素对飞行安全至关重要。心理素质是以生理条件为自然基础的一种心理机能品质，是个体在与外界交互时，在不断调节自身的过程中形成并稳定下来的品质。心理素质的结构包括：人格特质与适应品质。心理素质的结构特征包括：系统性、层次性、实证性。

一、航空飞行员的人格特质与飞行安全

人格是个体思想、情感、行为的特有模式，包含个体区别于他人稳定而统一的心理品质，是稳定的、习惯化的思维方式与行为风格，并表现在个体的行为中。特质是决定个体行为的基本特性，是人格的有效组成元素，将人格特质分为共同特质与个人特质，分别表示在同一种文化背景下大多数人都有的特质与个人独特的人格特质。其中，个人特质又可分为三种：①基本特质，影响个体各方面的行为；②中心特质，是个体的核心特质；③次要特质，是指不稳定的特质，只有特殊情况下才会表现出来。

（一）人格特质对飞行员的作用

人格特质是一种保持相对一致行为方式的倾向，飞行员的人格特质对飞行员行为安全的影响关系，以及其所处的地位可以用行为安全影响模型表示。

人格特质是飞行员行为安全的风险基线，是飞行员行为安全的基础。人格特质不同，其表现也会有所不同，或采取预防措施，或只追求避免危险。

不同人格特质的行为安全性是不同的。人格特质奠定了飞行员行为安全的基础，也会在一定程度上改变工作情境因素，同时工作情境因素也会反过来影响人格特质的形成与变化。这既说明了人格特质内在的稳定性，又说明了人格特质会在与环境的交互过程中发生潜移默化的变化。

人格特质也能促进飞行员风险认知、安全知识的学习，安全能力的培养，并与之共同作用，产生安全行为。这说明了人格特质并非行为安全的充分必要条件，只能说安全人格特质能有效保证安全行为的产生，不利于不安全行为的产生。

既然人格特质是飞行员行为安全内在的特质属性，影响着飞行员的行为安全，那么可以从行为出发，基于行为模式，分析其构成要素。行为模式由"刺激—反应"模式发展到"刺激—有机体—反应"模式，现又提出了"知情意行"模式。"知情意行"模式认为知、情、意是构成个体行为的基本要素。"知"是认知评价，是对客观事物的评价与认知，"情"是对其是否符合"需要"而产生的态度体验，"意"是由"动机"推动的，指引个体调节与支配行为，克服困难实现目的。

（二）影响飞行安全的飞行员人格特质特性

1.谨慎规则性

谨慎规则性是指个体对情境的整体上、细节上的考虑，衡量自身的决定与行为可能造成的后果，注重长期、实质结果的人格特质。其特征表现为细心、仔细、按规章办事、注意细节。

2.情绪稳定性

情绪稳定性是指个体能积极控制、调节、克制自身情绪并适当地表达自身情绪反应的人格特质。其特征表现为沉着、心境平和、深思熟虑，对情绪稳定性、重要性的认同感最强，在多项飞行员人格特质测验中也得到了充分的体现，被认为是飞行员工作表现最密切的因素之一。

3.心理坚韧性

心理坚韧性是指个体能够有效克服压力，且在压力情境下都能保持好的绩效表现的人格特质。其特征表现为能应对压力，并保持目标明确、专注与自信，进而有良好的绩效表现。心理坚韧性是飞行员合理、有效应对飞行任务中的信息压力与环境变换的人格特质。

4.心理有恒性

心理有恒性是指个体持之以恒，排除干扰与挫折，并坚持达到目的或执行某项计划的人格特质。其特征表现为细心周到、善始善终、高度责任感与目标坚定。心理有恒性是飞行员在生活、训练、工作中约束自身的基本保证，是飞行员做出优良工作绩效所具备的人格特质。

二、航空飞行员的适应品质与飞行安全

心理适应是指个体与环境之间的协调关系。心理适应的含义包括：①个体对环境的适应，即为自身生存而在生理功能与心理功能结构上发生改变；②即时性的适应，即随着刺激的变化、自身感受性的变化；③个体对环境的同化作用与环境对个体的适应作用的均衡关系；④社会行为随着社会变化而变化。

适应品质是个体在现实环境中不断做出身心调整，以维持一种良好的、有效的生存状态的过程中，体现出的心理品质与心理状态。适应行为都是由潜藏在行为背后的基本人格特质所决定的。

适应性作为一个相对独立的集合体，有其自身的组成要素，以一定的方式联系并形成一定的结构。

从适应的对象出发，来分析适应性应包括三个方面：自然适应、社会适应、自我适应。

（一）自然适应

自然适应是指个体采取主动性或被动性的措施，使自身与不断变化的环境之间建立协调与平衡关系的心理状态。主动性自然适应的内涵是积极改变自然环境；被动性自然适应的内涵是忍受环境对自身的冲击。

（二）社会适应

社会适应是指在人与社会的关系中建立满足其社会需求的心理状态，反映的是人与社会在心理上形成的亲切感与距离感。其适应性以四种方式得以体现，即适合、革新、退缩、反抗。

（三）自我适应

自我适应是指对自我有清晰的认识与恰当的评价，并能在得与失之间处于心理平衡的状态。表现为个体自我认知的恰当性、自我满足感、情绪体验的积极性，能找准自己定位，心境豁达，不会因一点小事而纠结、烦恼，能有效调节自己的身心状态。

飞行员的心理素质对飞行员的行为安全起着驱动与制约的作用，并且直接影响甚至决定飞行员的飞行安全与飞行效率。飞行员需要在日常行为与飞行过程中保持良好的心理素质与良好的心理状态，这样才能提高飞行员的安全意识并确保飞行安全。

第四节 航空飞行员心理素质管理策略

一、航空飞行员的心理素质选拔标准

航空飞行员的心理素质选拔标准是：剔除心理素质差的飞行员，选拔心理素质优秀的飞行员。优秀航空飞行员应具备的心理特征包括：①较高的情绪稳定性，善于控制情绪，遇事冷静；②性格外向、随和，善于与他人相处，良好的合作能力；③具有较好的逻辑思维能力和顿悟思维能力，职业技能熟练，经验丰富，思维不能过于狭隘，要具有管理者的思维特点和能力；④注意力要集中，同时具有较好的注意分配能力和注意转移能力，具有良好的三维时空判断能力，反应要快，记忆力要好；⑤具有很好的逻辑判断、分析能力，能够及时发现问题并优选解决方案，进而从容地解决突发事件，具有快速判断、决策和执行能力；⑥具有克服各种困难的意志力。

为了有效地对飞行员的心理素质进行管理，最高效的做法是，制定科学的飞行员心理素质选拔标准，包括三个方面的内容：①飞行员心理素质的构成；②飞行员心理素质的测量工具；③飞行员心理素质的评价标准。制定科学的飞行员心理素质选拔标准，既能有效控制飞行员心理素质水平，也能降低后期的淘汰率及与之相伴的训练费用。

二、航空飞行员的心理素质训练体系

在飞行员学习与工作的过程中，需要形成动态、连续的飞行员心理素质训练体系来增强飞行员的心理素质水平。心理训练是指有意识、有目的地对飞行员的心理施加影响的过程，使其形成良好的心理状态与水平。

针对飞行员的心理素质，结合心理训练的手段与方法，系统性、针对性地对其心理素质进行训练，以达到其职业要求的水平。飞行员心理素质训练体系包括：①心理与行为训练，如心理讲座、意志力训练、应激处理训练等；②体育教学，如：固滚、活滚、悬梯训练情绪控制，球类运动训练协作意识，长跑训练意志力，等等；③角色扮演；④生物反馈，如情绪控制反馈等；⑤放松训练，如呼吸训练、肌肉放松等；⑥压力管理训练，如冥想等。需要对这些方法进行整合，建立飞行员心理素质训练体系，使其有条理地为航空飞行员的心理素质训练服务。

三、航空飞行员的心理素质监管机制

在训练阶段需要建设合理的飞行员心理素质监管机制，对飞行员的心理素质进行定期检查、改善与反馈，使飞行员的心理素质保持在工作绩效正常的水平。飞行员心理素质监管机制包括：①心理素质定期检查的规定；②心理素质问题的培训方法；③心理素质的持续改进方案；④飞行员心理素质的监管处理措施。

飞行员心理素质监管机制是飞行员管理过程的一环，及时监控飞行员的心理素质水平，避免飞行员因心理素质不良而产生风险，有效控制其风险的发生概率及后果。

第六章　航空飞行员心理健康评价与优化

飞行员的心理健康对于保证飞行安全、确保飞行任务的完成具有重要意义。飞行员心理健康评价与优化可以提升飞行安全的水平。本章对航空飞行员的心理过程与心理特性、航空飞行员心理健康的改善措施、航空飞行员职业倦怠的优化建议进行论述。

第一节　航空飞行员的心理过程与心理特性

心理健康不仅是个人整体健康的重要组成部分，而且是个人良好心理素质的具体表现。心理健康的标准能够很好地体现心理健康的概念，因此采用标准化的定义来衡量心理健康的程度。心理健康量表和心理健康状态考量都是以心理健康标准为基准开展的。无论怎样衡量心理健康标准，其效果都是相对而言的。心理健康标准的制定，是以大环境中多数人共同具有的心理特征作为心理健康的标准的，选取的都是群体中大多数人所具有的心理特征，代表性强，可操作性强，适合广泛使用。

随着航空技术的发展与航空飞行活动日益复杂，飞行员职业的特殊性、复杂性决定了飞行员除了需要满足身体素质方面的要求外，也要满足心理素质方面的要求，良好的心理状态对飞行活动的影响逐渐大于良好的身体素质对飞行活动的影响。飞行员的心理健康是指飞行员在执勤期间能够保持稳定的情绪、敏锐的洞察力、适应工作环境的能力，以及对飞行安全高度的重视。从飞行安全的角度来说，飞行员的安全心理包括飞行员的心理过程及飞行员的心理特性。

一、飞行员的心理过程

（一）飞行员的认知

飞行员的认知是飞行员在正确认识自我的基础上，对影响飞行安全的所有因素的合理认知。飞行员认知能力的高低决定了飞行员对信息认知的强弱，飞行员能否全面、细致并灵活地对信息进行认知，是安全行为走向的基础。

1.飞行员的职业特征

（1）工作岗位的责任大。飞行员在飞行过程中担负着所有乘客和全体机组人员的生命安全，并且依法承担着法律责任。飞行员在飞行过程中展现出的技能水平、心理素质、思想理念等，在一念之间或一动之间决定着所有人的生死。飞行员在执飞过程中，在维护乘客利益和飞行体验、展示航空公司形象方面有十分重要的作用。飞行员价值的重要性是国家法律赋予的，是岗位特殊性决定的。

（2）职业的准入条件高。正是由于飞行员职责的重要性、岗位的特殊性，所以飞行员的职业要求是非常严格的，要求有强健的身体素质和扎实的专业知识。此外还就报考者的心理条件、文化条件加以规定。而对于教育和训练，则必须按照要求勤学苦练，达标后方可毕业。

（3）职业的可替代性低。飞行员的专业技术性极强，要成长为一名优秀的飞行员需要从飞行学员做起，经过长时间的飞行锻炼和考验后，方能按照飞行员岗位晋升层次成长为副驾驶，直到成为机长，当新航空公司成立或飞行运力增加，公司飞行员不足，短期内找不到合适的机长时，宁愿航班无法飞行或停飞，航空公司遭受损失，也绝不能找其他飞行员来替代。

（4）培训的周期长且费用多。飞行员培养通常由航空公司自己选招并送往航校进行培养，飞行学员在学习期间，不仅需要学习飞行技能、心理素质等专业理论知识，更要进行实习实训。在航校毕业后飞行学员需要接受民航局组织的考试，考试合格后方拿到飞行执照。拿到飞行执照进入航空公司后，并不意味着就能驾驶飞机，飞行员还要接受一系列培训。

飞行学员在接受培训时，需要支付飞行学员初始培训改装费，一年两次且总时长不少于28小时的年度复训费，晋升技术级别时需要的转升模拟机费用，一年两次的航线检查费用，等等。根据目前有关培训机构的收费标准，飞行学员在飞行学院的初始培训费为70万～80万元，飞行员初始培训改装费大约20万元，而培养一名机长的培训费用更多。

2.飞行员的职业价值

（1）职业的高稀缺。在实际应用操作上，飞行员的使用和安排，还要充分考虑远程航线和特殊航线的飞行员多余安排，民营航空公司挖人，以及淡旺季和飞行员休假、生病、退休、培训和辞职的情况。由于一名优秀的飞行员，特别是机长的成长周期长，培养费用高，更加剧了飞行员在航空事业中的地位，堪称航空事业中的"核心人才"。

（2）职业的高价值。由于飞行员在成长过程中支付的高额费用，显示飞行员的高身价。飞行员的高价值还主要体现在他能为航空业、航空公司创造出比其他工种更大的价值。飞行员是航空公司最直接的生产者，创造出公司的利润，还能直接控制消耗成本。创造出的公司利润直接体现在执飞上面，飞行员在符合要求、可允许的条件下，执行飞行一次，给航空公司带来的利润是显著的。在控制成本上，主要体现在燃油费、航线费、器材损耗维修费等具体费用上。

（3）职业的主心骨。飞行人员的主心骨价值主要体现在两个方面。

①飞行员是航空公司正常运行的主心骨，只有数量和质量达到配置标准的航空公司才能真正让航空公司在竞争日益激烈的航运中占领一席之地，只有技能过关、服务到位的飞行员才能为公司赢得乘客的信任和良好的企业形象。

②飞行员是守护公司财产和乘客安全的主心骨，他们的操作正确与否直接关系到乘客的生死存亡和飞行的安全与否。

（二）飞行员的情绪

情绪是一种基本心理过程，是对客观事物的态度体验和行为反应。情绪是飞行员在与外界交互过程中保持稳定的态度，并调整自身情绪至积极状态的心理过程。飞行员在与外界交互的过程中会产生不同的情绪。

良好的情绪能够使飞行员保持在最佳状态，对于外界引起的反应能有较好的判断能力，有助于安全。飞行员在面对突发情境时，情绪稳定并调节至良好状态对飞行安全是至关重要的。

（三）飞行员的意志

飞行员的意志是以安全目标为导向的，是对自身意识的积极调节与作用，是自觉组织并克服困难的心理过程。飞行员意志包括：自觉性、果断性、坚韧性、自制性。自觉性引导飞行员自觉学习、组织自身的行为；果断性使飞行员克服决断过程中的犹豫；坚韧性使飞行员能不惧困难完成既定目的；自制性则体现为飞行员抗拒诱因干扰，约束自身行为。

认知是基础，决定情绪与意志，情绪与意志对认知的发挥与运用有着导向、激发、调节的作用，意志的发挥也必然会引起情绪的波动，情绪同时也可转化为动力，强化意志。认知、意志、情绪三者相互联系、相互促进。

二、飞行员的心理特性

（一）飞行员的心理倾向性

1.飞行员的需求

飞行员的需求是飞行员心理对内部环境与外部条件稳定的平衡状态。无论是自然需求还是社会需求，当飞行员满足自我需求时，心理才会处于平衡状态。需求与满足如同天平的两端，其平衡状态取决于飞行员的自我满足。飞行员的需求得到满足，其就会主动调动自身的主观能动性，归属感与成就感也会随之增加，安全倾向性也会增大。

2.飞行员的动机

飞行员的动机是指飞行员以安全的方式执行工作的意愿。在违章行为造成的消极后果并不会及时显现的背景下，缺乏动机的飞行员会倾向于以省能的方式行动，其安全倾向性会减弱，不利于安全行为的产生。以成就为驱动的动机，不会因外界的干扰而发生很大变化，对安全的聚焦不会偏离，安全倾向性大；而以外界需求为驱动的动机，会随着外界的变化与自身满足度的变化而变化，安全倾向性相对较小。

（二）飞行员的心理健康特性

1.飞行员的气质

飞行员的气质是指在其行为中表现出来的比较稳定的心理特性，是产生安全行为的内部倾向。理智型特质的行为稳重且自我控制能力强，人因差错率小；情绪型特质则易受到外界环境的影响，情绪波动大，易发生人因差错。气质就是安全行为的心理特质。面对同样的风险，不同气质的个体其行为表现不同，或采取措施积极预防或只追求避免危险。

2.飞行员的能力

能力是保障飞行员安全执行任务所具备的心理特性。能力直接影响飞行员的安全绩效，并使行为顺利完成的个性心理特性。能力是个性心理特性之一，不同的飞行员是存在一定的差异的，从能力的类型不同、水平高低与表现形式三个方面予以表现。

飞行员的能力是指飞行员通过操作航空器，以空中交通的相关规章、培训学习时所获得的飞行相关的技能，在执勤期间充分发挥主观能动性，发挥最佳状态，预防不安全事件的发生，在遇到特殊状况时能够及时做出正确的行动，保障旅客生命、财产安全。

飞行员的环境感知能力体现在对飞行情境的正确认知，状态判断能力则是对所处情境的状态分析、判断与决策，行为反应能力则是利用自身与外在的资源有效控制、反应，调节当前状态至安全状态。

第二节　航空飞行员心理健康的改善措施

飞行员的安全管理一直是航空企业保障飞行安全的重点和难点。长期以来，航空企业对飞行员的安全管理中人为因素的研究，更集中于提高飞行技术和身体素质水平上，而忽略了心理健康对飞行安全的影响。不安全的心理因素导致的飞行员不安全行为是引发不安全事件的一项重要原因。因此，实施飞行员心理健康的安全管理有利于控制并消除不安全的心理因素，预防不安全行为，减少由心理因素导致的事故。

先进的安全管理模式逐渐取代了传统的安全管理模式，将安全关口前移，事后处理转变为事前管理。从本质上来讲，安全管理的变革与发展，是安全管理在实际应用中发挥人为因素的作用，要求在飞行员的选拔、培训过程中注重心理水平的训练，建立健全心理健康的培养模式，在培养中及时发现问题，及时识别问题，及时解决问题，及时对解决措施进行效果跟踪，以减少不安全行为。

一、加强飞行员的日常心理健康教育

安全风险的控制思路是以社会环境、航空系统、组织方面和个人方面相结合的方法来控制和干预心理健康的，从而提高航空飞行员的安全绩效，降低安全风险。

（一）调节飞行员的个人心理健康

导致飞行员出现心理问题最主要的原因是个人因素，包括工作满意度、个性、情绪状态、应对方式、情绪稳定性、职业道德、适应能力、理性判断和意志品质等，想要从个人角度对心理水平进行调节，可以从以下几个方面入手。

1.加强心理管理

飞行员应了解加强心理管理对促进身心健康，提高工作效率的重要意义，掌握普及性的心理健康知识，有利于提高自身的心理水平，掌握解决心理问题的方法和技巧，使其长时间处于良好的心理状态，从而减少身心疾病的发生。

2.要注意生活节奏，合理安排作息时间

飞行员的精神紧张和过度疲劳是引发心身障碍的常见原因。通过合理地组织安排飞行活动、休息、体育锻炼、定期疗养等活动，防止飞行员发生过度疲劳，减少心理压力，保证其心理健康。

3.培养飞行员良好的心理水平

具有良好个性的人能够正确评价客观事件，产生积极的情绪体验，并采取合适的行为反应方式，从而促进身心健康。

4.建立良好的人际关系

保持融洽的人际关系可以使飞行员获得安全感，消除孤独感，有助于个体的心理健康发展。个人要建立良好的人际关系，应做到以下几点：①掌握人际交往的基本技巧；②乐于助人，善待对方；③真诚的鼓励和赞美；④团结的愿望和善意的批评；⑤尊重对方人格，不强加于人。

（二）组织控制飞行员的心理健康

组织因素包括培训设计、教员管理、考核与奖励、安全文化、机组搭配、机组分工、薪资与待遇、领导与管理、工作环境、信息反馈与处理等。改善飞行员的心理健康状况需要从组织方面进行调节。在进行组织方面的干预时，需要注意的问题包括：①建立公平公正的考核评估模式；②建立公平公正的岗位晋升体系；③上级与下级之间要及时沟通，建立良好的上下级关系；④建立能够激励员工的奖惩机制；⑤尽可能改善飞行员的工作环境，建立合理的轮班机制；⑥完善劳动保护设施。

（三）社会支持飞行员的心理健康

社会支持也会导致飞行员出现心理方面的不安全问题，如社会压力、旅客压力、天气环境压力、家庭压力、舆论压力等。飞行员的工作地点在驾驶舱，长期处于密闭空间，容易产生焦虑，在这种情况下，容易导致认知能力下降。

（四）航空系统支持飞行员的心理健康

航空系统支持也会导致飞行员出现心理方面的不安全问题，如安全文件、执勤要求、规章制度和安全信息制度等。航空管理部门需要对飞行员所上报的不安全事件、收集到的不安全事件，有针对性地对航空器性能、配置或其他方面加以改进，对飞行员予以支持，避免不安全事件再次发生。

二、开展飞行员的心理辅导工作

心理辅导是指从事心理学研究的工作者对心理方面出现不良状况，并寻求解决问题的来访人运用心理学的方法，提供心理帮助的活动。在心理辅导的过程中，从事心理学研究的工作者运用理论知识与技巧，通过语言、神态、行为举止等，必要时采用特殊的方法以达到改变来访人错误的认知、情绪和异常行为的目的。

通过心理咨询，可以帮助飞行员认清自己的问题在哪里，使飞行员能够从容对待自己在工作和生活中的各种问题，从而达到缓解心理压力、提高应对能力的目的，可以保障飞行员心理健康，预防心理问题导致的不安全行为，保证飞行安全。

结合我国飞行员的实际情况，建议飞行员的心理健康促进工作如下：①制定突发事件的应急预案时，应该把飞行员心理援助方面的内容囊括其中。在发生突发事件时，负责处理突发事件的管理局应当根据突发事件的具体情况，依据应急预案的相关规定，组织开展飞行员心理援助工作。②建立有益于飞行员心理健康发展的工作环境和组织环境，关注飞行员的心理健康问题；对于处于飞行生涯发展的不同阶段的特殊时期，应当有针对性地开展心理健康辅导活动，组织开展心理健康援助活动。③在飞行学员培养阶段就要开展心理健康教育，聘请心理学相关的辅导人员，开设心理健康辅导室，对学员开展心理健康教育。④各航空运营单位和飞行员，应选择所在地的专业心理咨询机构和从事心理治疗的专业医疗机构为其提供专业服务，促进飞行员的心理健康。

第三节　航空飞行员职业倦怠的优化建议

职业倦怠是指针对人这一群体在从事服务性的职业时，服务者感受到人格解体、个人成就感降低和情绪衰竭。职业倦怠包括三个因素：情绪衰竭、去个性化及个人成就感低落。

一、改善飞行外环境

（一）改善飞行工作，加深工作认知

改善飞行以外的环境，需要社会、媒体正确地认识航空飞行，也需要中国航空各级管理部门加强对飞行工作的宣传，让更多的人了解航空运输，了解飞行工作的复杂性，了解飞行员为每次安全飞行付出的精力、做出的贡献。使飞行员的工作受到全社会的认同和尊重，而不是仅仅知道飞行员薪资水平高。

对于家庭支持方面，可以有效利用团聚的时光，增进飞行家属对于飞行工作的了解。比如可以以飞行中队为单位，定期组织家庭聚餐、烧烤、户外活动等，企业也可以利用每年学校的寒暑假组织亲子活动、家庭接待日等，随着对飞行工作的了解不断深入，飞行员家属的自豪感和荣誉感也会不断增强，同时也会更理解飞行工作的意义，从而减轻家庭内的误解和不必要的矛盾，让飞行员全身心地投入飞行工作中去。

（二）规划职业，拓展发展空间

航空公司要尊重和重视员工的个人发展需求，鼓励员工将个人追求与企业愿景相结合，引导员工在为企业服务的过程中充分实现个人价值。航空公司应该充分了解飞行员的工作状态、生活需求，找准最佳的切入点，或在入职初期，或在工作5年、10年后，安排专人指导飞行员做好职业发展规划。

航空公司和飞行员应该是关系紧密的利益共同体，相互依存、相互成就。公司的管理层还要适时提供企业发展信息，让飞行员充分了解公司的发展，未来的战略，以及工作职位状况、人才需求状况等。航空企业要努力做到分配公平与程序公平。人们总会不由自主地将自己付出的劳动，以及付出后得到的回报与周围同事、同行进行比较，并判断自己是否得到公平的对待。因此，公司的管理者应充分考虑组织内部的公平与公正。赏罚严明，并且适度、最大限度地调动职工的积极性。

（三）完善沟通，和谐人际关系

飞行员属于工作在航空运输岗位上的一线员工，航空公司要鼓励飞行员讲话，鼓励他们发表想法或看法。建立长期高效的沟通机制，营造良好的组织内部沟通氛围。在一线飞行员与各级领导干部之间建立起互相理解、相互信任的关系，从而增强飞行员对于公司发展的参与感。

企业可以设置专门的意见收集和反馈部门，一方面了解飞行员工作生活中的问题，另一方面可以及时地疏导飞行员的情绪。飞行部也可以经常开座谈会，让上下级双方多交流、加深了解、化解误会。通过良好的沟通，消除隔阂，让飞行员释放工作中的压力、生活中的烦恼，确保工作时情绪稳定。

二、改善飞行运行管理方式

加强航空企业文化建设，充分调动飞行员源于内心、超乎其表的归属感和自豪感，以及与企业同舟共济、共同发展的信心、决心和毅力。

职业倦怠的产生和发展，是经过一系列生理和心理的渐变：①当美好的愿景与现实的瓶颈相冲突时，心理上的疲乏感渐渐产生；②由于困境一直没有突破，逐渐产生慢性疲劳，心理上的厌烦、焦虑开始滋生；③当失望无奈到极点时，职业效能感就会不断降低，进而出现冷漠、情绪耗竭等。

提供心理疏导和培训，并将风险防范的关卡前移有三个重点需要把握。

①普及心理学知识和已被广泛验证的心理学测试，利用职工服务中心，以及为员工服务的网络平台建立心理咨询辅导站点，定期或不定期组织专题讲座，开展一对一或一对多的心理援助咨询，免费组织心理检测，逐步采集飞行员群体心理健康数据，开发和建立飞行员心理健康档案管理系统，以便定期调研、筛查，为及时预警打好基础。

②结合飞行中的人为差错等航空特色的主题，加强心理行为引导和心理行为训练。在对职业倦怠现象正确认识的基础上，练习自查方法、讨论引发职业倦怠的因素，以及如何避免、如何正确对待的方式，从而提高飞行员心理方面自我调整的能力，提高抗压能力，保持心理健康。

③建立符合飞行员工作特点的心理危机干预体系，提高心理危机干预能力。对存在明显职业倦症征兆的飞行员，由经验丰富的咨询师进行有针对性的心理训练和心理建设，如自我认知、压力管理、情绪控制、心理调适等，帮助一线飞行员有效缓解和降低职业倦怠。在保护飞行员个体隐私的前提下能让企业了解员工的整体心理状况，完善企业以人为本的管理方式。

三、增强飞行员的自我调节能力

（一）树立正确的职业价值观

树立正确的职业价值观，调整好自己的心态，做好应对困难和压力的精神准备，做到对倦怠感的自我认识，进而不断积极暗示自己，不断调整负面情绪，提高工作稳定性，保证飞行工作的安全可靠。

在航班短停的休息间隙，飞行员可以通过简单实用的放松动作或短暂的睡眠来缓解工作带来的紧张感，以应对下一个航段或长距离飞行带来的身心疲惫。在休息日，应当尽可能地合理安排时间，丰富自己的业余生活，开拓生活中的兴趣点，用来弥补工作带来的倦怠感，并保证充足的睡眠时间。

（二）客观认识自我

飞行员要学会自我内省、自我检视，学会自我调适和减压，构建清晰的自我意识和自我认同感，对工作中产生的认知冲突，及时建立合理的认知，积极进行心理暗示并采取积极的应对方式，充分认识自身的人格特征及资源的局限性，避免因不恰当的期望没有实现而产生职业倦怠。

在飞行培训课程中，设置自我认知等心理学相关的内容。该部分内容可以扩充到机型改装、副驾驶晋级、飞行教员培养等各个阶段。让每个阶段的飞行员在面对工作中出现的问题，可以有方法、有针对性地分析原因，自我剖析，既不妄自尊大也不妄自菲薄，始终客观、中立地看待自己。

（三）制订职业生涯规划

合理的人生规划目标可以帮助飞行员在每一个短期目标中，获取更多的认可，进而更努力地实现个人在工作、社会中的地位，展现人生价值。作为飞行员，工作中必须为自己设定目标，从飞机操作技术、理论知识等方面对自己的职业生涯进行一定的规划，并且分步骤地有序实施。提高对自己职业和职业前途的可控性是减轻或避免职业倦怠的重要途径。

只有这样才能始终鞭策自己保持旺盛的工作热情，在生存的同时实现自我价值。职业生涯规划要注重把个人发展与组织发展相结合，寻找个人与组织发展的结合点，把个人的价值观、知识和努力集中于组织的需要和机会上，利用组织资源实现个人的成长与进步。

结束语

　　航空安全是航空事业的永恒主题，确保航空安全，改善飞行员心理健康问题，减少其职业倦怠，成为开展心理健康维护工作的重要任务。开展有效的心理健康维护工作，营造良好的航空安全文化氛围，树立正确的航空安全意识，形成航空安全的精神动力，维持飞行员心理健康。

参考文献

[1] 李奎. 航空安全管理 [M]. 北京：航空工业出版社，2011.

[2] 王华伟，吕德峰，姜雨，等. 通用航空安全工程 [M]. 北京：北京航空航天大学出版社，2020.

[3] 肖玮，刘旭峰，苗丹民. 航空航天心理学 [M]. 2 版. 西安：第四军医大学出版社，2018.

[4] 周长春. 航空安全管理 [M]. 成都：西南交通大学出版社，2011.

[5] 陈曦. 飞行员素质与飞行安全的探讨 [J]. 科技展望，2016，26（32）：298.

[6] 毕雅楠. 面向飞行员人才价值提升的人力资源管理研究 [D]. 天津：天津大学，2020.

[7] 邓丽芳. 近 10 年来中国飞行员心理健康状况的元分析 [J]. 心理科学，2013，36（01）：228-233.

[8] 董铁牛. 新时代呼唤民航空管树立整体安全观 [J]. 民航管理，2018（05）：34-36.

[9] 高扬，张楠. 基于层次分析的民航飞行员选拔心理素质模糊综合评价 [J]. 安全与环境工程，2013，20（05）：149-153.

[10] 韩蓉晶. 华东地区通用航空飞行安全政府监管研究 [D]. 兰州：西北师范大学，2018.

[11] 韩适朔. 飞行员飞行技术与安全绩效的关系研究 [D]. 天津：中国民航大学，2019.

[12] 孔航. 我国通用航空安全监管法律问题研究 [D]. 南京：南京航空航天大学，2017.

[13] 李敬强，赵宁，徐开勇. 基于素质 – 应激模型的飞行员心理健康 [J]. 中国健康心理学杂志，2015，23（01）：50-55.

[14] 李书全，钱利军. 航空安全文化运行模式研究 [J]. 中国安全科学学报，2009，19（09）：64-70，179.

[15] 李晓娟，周材权，杜杰，等．机场鸟击特点及防范体系构建[J]．四川动物，2018，37（01）：22-29．

[16] 刘飞，张亮．通用航空安全管理体系现状及优化[J]．科技资讯，2017，15（27）：147-148，150．

[17] 刘吉祥．飞行员工作压力对其安全绩效的影响研究[D]．天津：中国民航大学，2018．

[18] 孟靓．东方航空公司安全管理体系（SMS）存在问题及风险控制研究[D]．太原：山西大学，2012．

[19] 钱雪亮．H飞行学院某部飞行安全管理体系优化研究[D]．哈尔滨：哈尔滨工程大学，2021．

[20] 庆彪．雷达技术在鸟击防范工作中的应用[J]．中国安全生产，2020，15（09）：52-53．

[21] 石亚婷．提升中国民航公共安全管理水平的对策研究[D]．武汉：中共湖北省委党校，2020．

[22] 宋文珊．飞行员疲劳风险管理研究[D]．天津：中国民航大学，2015．

[23] 孙亚腾．飞行员风险认知与其安全绩效关系研究[D]．天津：中国民航大学，2018．

[24] 田利军，陈甜甜，王景博．内部控制、安全文化与航空安全[J]．中国安全科学学报，2016，26（08）：1-6．

[25] 王成武．中国东方航空公司安全管理体系优化研究[D]．石河子：石河子大学，2018．

[26] 王笛．基于生理信号的飞行员心理状态评估方法研究[D]．哈尔滨：哈尔滨工业大学，2018．

[27] 王华叶，林岭．优秀民航飞行员心理特征实证研究[J]．航天医学与医学工程，2011，24（04）：306-308．

[28] 王鹃．对某航空公司飞行员心理健康状况调查分析[J]．心理月刊，2020，15（07）：2-30．

[29] 王洋俪．某航空公司飞行员的心理健康状况探讨[J]．心理月刊，2019，14（17）：47．

[30] 王悦颐．飞行员心理健康评价指标研究[D]．天津：中国民航大学，2017．

[31] 卫微. 飞行员不安全行为的形成机理及干预策略研究 [D]. 天津：中国民航大学，2020.

[32] 魏焕成. 心理运动能力在民航飞行员选拔中的应用研究 [D]. 西安：第四军医大学，2013.

[33] 文传翰. 旅客航空安全管理体系研究 [D]. 海口：海南大学，2021.

[34] 伍鹏飞. 民航飞行员职业倦怠研究 [D]. 上海：上海交通大学，2018.

[35] 夏志伟. H 航空公司飞行员流失问题研究 [D]. 海口：海南大学，2015.

[36] 徐超. 飞行员飞行技术对其安全绩效的影响研究 [D]. 天津：中国民航大学，2016.

[37] 杨宸，何元清. 基于知识图谱的新一代民航安全监管体系综述 [J]. 现代计算机，2021，27（34）：101-105.

[38] 杨润静. 我国通用航空安全文化建设思路研究 [J]. 中国战略新兴产业，2018（24）：59-60.

[39] 于雯宇. 飞行员行为及心理因素对航空安全影响的研究 [D]. 哈尔滨：哈尔滨理工大学，2018.

[40] 张凤晶，吴迪，赵曼. 飞行人员的安全心理培养研究 [J]. 长春教育学院学报，2015，31（15）：48-49.

[41] 张闻. 航空安全观及其培育研究 [D]. 长春：吉林大学，2018.

[42] 张振飞. 机场鸟击防范措施研究 [J]. 科技风，2017（13）：243.

[43] 赵宁. 飞行员心理素质与飞行安全研究 [D]. 天津：中国民航大学，2015.

[44] 郑阳，霍宁波. 民航飞行员职业能力内涵的探讨 [J]. 民航学报，2021，5（03）：99-101.

[45] 朱晓云. 我国通用航空安全管理体系建设研究 [D]. 重庆：西南大学，2014.